Sewing studio

Sewing
studio

Sewing
studio

温室裁縫師

手工縫製的溫柔系棉麻質感日常服

從時尚設計回到手作定製

賣出第一件手作服,是離開設計公司與服飾銷售之後的事了。

在時尚產業待得越久,越清楚自己在乎的是「物品的長久陪伴性質」以及「真實的手製能力」。我在一間間的布商中,找尋適合台灣炎熱濕悶氣候的布料,透氣、韌性和親膚感都很重要,這時我遇到了也剛轉型起步的劉記,彼此的鼓勵都讓我們往更好的地方走去,棉麻和亞麻,就是他帶領我認識舒適天然類型布料的第一步。

當時的自己喜歡穿著長版上衣,那就作一款簡單的長版上衣好了!搭配褲子或裙子都可以,不限身材的落肩袖,下襬作一些修飾的視覺弧度……這一款設計,推出五年至今,依舊有客人挑選訂製。

隨著持續的創作、為客人量身、討論穿著習慣以及他們自己喜歡的輪廓。再回來的客人都會說著衣服很簡單、素雅、舒適、可以穿很久、好搭配、修飾……當然,還有想換個顏色再多作一件。

溫室靜悄悄地縮短你出門搭配的時間,增加了外出時的舒適度,還有你看見自己時,臉上微笑的上揚弧度。

謝謝一樣喜歡手作服的你。

溫室 Studio Wens

溫可柔

Contents

自序 *P.2*

目錄 *P.4*

這本書的服裝＆設計 *P.6*

Style 1

開釦設計
寬鬆洋裝
P.8

Style 2

手工褶飾
圓襬洋裝
P.10

Style 3

寬鬆抽繩
洋裝
P.12

Style 4

短版外套
p.14

Style 5

一片繫帶
連身洋裝
P.16

Style 6 　　Style 7

圓領上衣＋綁帶吊帶裙
P.18

變化款
綁帶吊帶裙
P.20

Style 8 　　Style 9

露背綁帶五分袖上衣
＋大圓褲裙
P.22

Style 10

露背綁帶
七分袖洋裝
P.24

Style 11

圓筒袋
P.25

變化款
露背綁帶
洋裝
P.26

Style 12

長版西外
P.28

變化款
長版西外
P.30

Style 13

蓬袖開釦
洋裝
P.32

Style 14

綁帶
背心連身褲
P.34

Style 15

花苞束口袋
P.35

Style 16　Style 17

披風式外套
＋不規則方角裙洋裝
p.36

Style 18　Style 19

連帽襯衫小外套
＋縐褶鬆緊圓裙
p.38

Style 20

圓襬綁帶
背心
p.40

變化款

縐褶鬆緊
圓裙
p.41

Style 21　Style 22

綁帶吊帶褲
＋圓領蓬蓬袖寬襯衫
p.42

Style 23

方領口袋
洋裝
p.44

Style 24

口袋背心
p.46

Style 25　Style 26

Style 27

Style 28

縐褶上衣＋鬆緊褲管八分褲
p.48

寬鬆罩衫
p.50

舟形口罩
p.52

設計師穿搭＆推薦款式 *p.54*

書中所使用的布料 *p.57*

布料的選擇建議 *p.58*

工具介紹 *p.59*

開始製作之前 *p.60*

關於紙型 *p.61*

關於裁剪・準備裁片 *p.62*

關於黏著襯・斜紋布條・抽細褶 *p.63*

製作方法 *p.64*

這本書的 服裝＆設計

買一件現成的衣服雖然輕鬆快樂，但是如果自己作的話……就能體驗到親手挑選布料時的喜悅，配上每完成一個步驟時的經驗提升，直到穿上親手製作的服裝的瞬間，當你望著鏡中的自己，心裡就會湧現無盡的喜悅，「是我自己作的呢！」忍不住稱讚自己，這就是手作的魅力所在！

可以從書中挑選一款你喜歡的款式，試作看看。穿上親手作的衣服，不管是外出旅遊或是日常著用，也許很快，你就會開始期待下一件的縫製時光了！

這是一本適合有基礎手作經驗的你，想嘗試更多樣款式版型的中階書。本書介紹了11種分類，包含褲裙、罩衫、連身褲、外套、吊帶裙、連帽上衣……共有25款服裝＋3款配件。

特點 1

不需要「技術高超」！

只需基礎的縫紉技巧，就能作出如同市售的設計款式。

 特點 2

不需要「調整尺寸」！

書中版型為FREE SIZE，適合大部分女子的身型。運用鬆緊帶、抽繩和綁帶等技巧，延伸出美麗的輪廓，穿著時也很舒適。而袖長、褲／裙長、衣長等長度，都能自由調整成自己喜歡的長度！

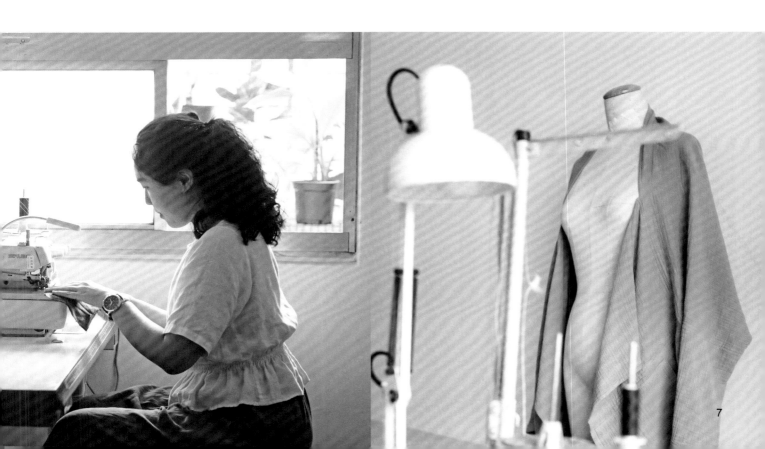

開釦設計寬鬆洋裝

很適合不想花太多時間在搭配的日子，直接套上就可以
出門，手機、錢包跟鑰匙都可以放進洋裝的大口袋裡。
淺黃色的中亞麻布，顯得透氣又清爽，休閒的風格，是
很適合假日出去遊玩時的打扮。

耳環／森林占卜屋
鞋子／NOUR
髮帶／温室
包包／P.35花苞束口袋

Button
Dress

How
to
make
P.72

大大的口袋，插入雙手時顯得可愛俏皮。

加入了開釦的設計，
讓洋裝多了一點設計感。

Style 2

手工褶飾
圓襬洋裝

選用簡易的重複褶子製法，將洋裝
精緻化，加上微透膚的白色亞麻
布，營造出層次感。下襬的大圓弧
度收尾，讓視覺有拉長延伸的感
覺，很適合夏季喜歡單穿一件的涼
爽感！

耳環／森林占卜屋
髮帶／溫室
鞋子／NOUR

How
to
make
P.85

Pin tuck
dress

落肩短袖的設計，大部分的體型都可以穿著。

運用針型褶飾的工藝，
讓洋裝表現出精緻化的樣貌。

Drawstring dress

寬鬆抽繩洋裝

───

非常好搭的寬鬆抽繩洋裝，腰間的抽
繩設計，可以視體型或心情去調整，
穿起來舒適又自在。選用亮眼的酒紅
色亞麻布料，讓膚色也增添了細嫩紅
潤感，可以在人群中吸引目光。出外
遊玩時，也是拍照首選！

項鍊／H&M
鞋子／NOUR
帽子／攝影師私物

How
to
make
P.82

可以隨個人喜好抽拉腰間寬度的抽繩設計。

使用非常襯膚色的酒紅色亞麻布製作。

短版外套

適合外出時會進到冷氣房或有點涼意的天氣。不想攜帶包包時，胸前的大口袋也能裝得下手機、錢包、卡片和鑰匙。自然感的中亞麻布，透氣又清爽。率性的線條，能將甜美感調和的不甜不膩。

Short jacket

不限身型的落肩袖款式，
不用擔心肩寬的限制。

How
to
make
P.109

洋裝／P.12寬鬆抽繩洋裝
帽子／攝影師私物
項鍊／H&M
鞋子／NOUR

大口袋設計，
增加了率性的氛圍。

一片繫帶
連身洋裝

利用大裙身及綁帶的設計固定洋裝,讓可以
穿著的尺寸範圍較廣。選用白色亞麻布,呈
現半透明層次感,綁帶可依個人喜好,隨時
綁鬆或綁緊,能呈現不同的樣態。布料雖多
片,但利用綁帶收腰的方式,讓視覺俐落收
尾,是一件有趣的洋裝。

耳環／森林占卜屋
項鍊／喀樂屋屋
鞋子／NOUR

How
to
make
P.78

不限身材，以圍繞的方式穿著綁結固定洋裝。

Wrap dress

不影響一般內衣穿著的露背設計。

Style 6

圓領上衣

How
to
make
P.64

Round neck blouse

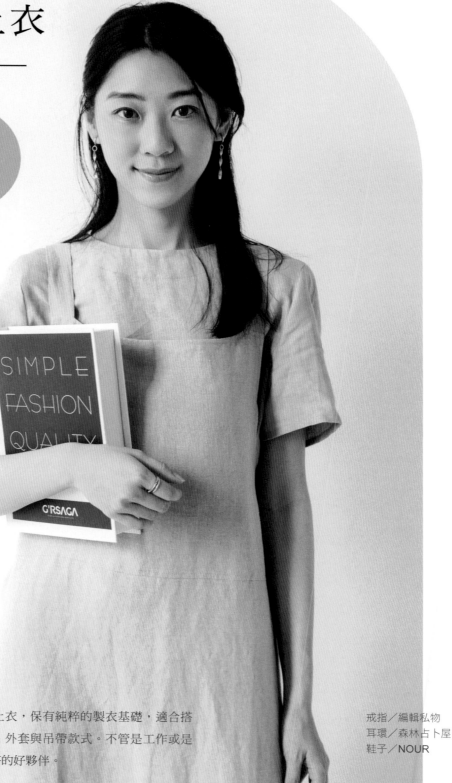

簡潔俐落的基本款上衣,保有純粹的製衣基礎,適合搭
配所有裙子、褲子、外套與吊帶款式。不管是工作或是
出外遊玩,都是穿搭的好夥伴。

戒指╱編輯私物
耳環╱森林占卜屋
鞋子╱NOUR

18

spender

How
to
make
P.68

綁帶吊帶裙

—————

Style 7

綁帶吊帶裙的帶子，可依身高及喜好調整，綁帶收尾也可以決定綁前或綁後，是一款專屬個人自由穿著的款式。選用自然的亞麻布料或是條紋花色，就能呈現不同風格。因為前後皆有口袋，也很適合當作工作服來穿喔！

雅致的淡綠色亞麻布上衣，增添了優雅氛圍。

可以隨個人喜好和身高決定綁帶的高低。

變化款

綁帶吊帶裙 P.19

項鍊／編輯私物
髮帶／溫室

內層穿的是P.10手工褶飾圓襬洋裝，
搭配上P.19的綁帶吊帶裙，選用了條紋布料來製作，
就是另一種不同的感覺！
裙子的繫帶綁前或綁後各有風情，就看當天的心情來決定吧！

將綁帶繫在前方，具有裝飾感與修身效果。　　　　　　　　　　　　　　　綁帶繫在後方時，感覺比較休閒自在。

大圓褲裙

How
to
make
P.66

上衣的圓弧露背綁帶設計，幫你散掉夏天的暑氣，恰到好處的開口，不用擔心要另搭專屬內衣。因鬆緊條而蓬起的下襬，還能修飾身型完全是夏季必備單品。彰顯氣色的梅粉色亞麻布料，讓臉蛋增添了紅潤感。

下身運用圓裙的視覺打造出褲裙款式，可以輕鬆與其他上衣搭配，若與上身選用同樣布料，還能營造出一件式的錯覺。正面看起來像裙子，腰頭為鬆緊帶設計，穿脫相當方便。前片打褶讓視覺延伸，是適合出遊或上班的舒適外出服。

帽子／攝影師私物
項鍊／le clic STUDIO
戒指／編輯私物
鞋子／NOUR

Palazzo pants

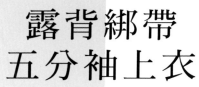

露背綁帶
五分袖上衣

Backless blouse

How
to
make
P.93

後背的綁帶設計,是夏季持續美麗的涼爽祕密。

細鬆緊條讓上身自然收腰,不只修身,
也同時製造豐富感。

23

露背綁帶
七分袖洋裝

How
to
make
P.121

Backless dress

包包／編輯私物‧
　　設計師私物
耳環／森林占卜屋
戒指／編輯私物
鞋子／NOUR

從正面看是簡單素雅的洋裝，轉過身來才發現細節都藏在背後。將五分袖上衣延伸設計成洋裝，加上修飾手臂的公主袖，側邊附上隱形口袋，是輕輕鬆鬆一件就能出門的典雅款式。

涼爽的露背綁帶設計，是設計的亮點。

將露背綁帶五分袖上衣延伸成洋裝，可以自己決定喜歡的裙長。

Style 11

圓筒袋

Bottle bag

How
to
make
P.124

變化款

露背綁帶洋裝

P.24

隨時都要補充水分，維持肌膚的彈潤與健康！試著自己作一個裝飲料的小袋子吧，圓筒狀的設計，可以放入水瓶、水壺或小花束。背帶長度可自行決定，調整長度後再打結固定。不想帶太多東西出門時，就這樣拎著走也很可愛！

身上穿的是P.24的露背綁帶洋裝，改成碎花布料，袖長也縮短了，看起來更俏皮活潑呢！

項錬／le clic STUDIO
戒指／編輯私物
鞋子／NOUR

Style 12

長版西外

少見的厚亞麻外套，適用於春秋季的洋蔥式穿法。大領片的設計，不只拉長視覺比例，也添加親切感。帶著中性自然感的大地系雨露麻色，一件外套就可以搭配所有的衣服款式，是減輕出門行李的好幫手！

洋裝／P.16一片繫帶連身洋裝
耳環／森林占卜屋
項鍊／喀樂屋屋
鞋子／NOUR

Midi coat

How
to
make
P.115

把外套披在肩上或直接穿著，外出拍照馬上增加氣場！

不限身型及肩寬的oversize落肩袖款式。

變化款

長版西外

P.28

洋裝／P.27露背綁帶洋裝
項鍊／le clic STUDIO
戒指／編輯私物
帽子／攝影師私物
鞋子／NOUR

粉色系的大衣，意外的好搭。在乍暖還寒的春天，
配上這一件外套，讓心情與膚色都亮了起來！
又深又大的長口袋，可以放入各種隨身物件，
也不顯臃腫。袖長縮短了，看起來更活潑可愛呢！

Style 13

蓬袖開釦洋裝

很適合出遊多天，幫助減少行李的款式，可以
當洋裝，打開釦子又變成罩衫，也可以再添加
背心或外套。白色的亞麻布，顯得透氣又清
爽，當搭配方式不同，也跟著呈現不同氛圍。
側邊附上隱形口袋，穿上平底拖鞋，輕鬆出門
就有風格！

耳環／森林占卜屋
戒指／編輯私物
鞋子／NOUR

How
to
make
P.97

Cardigan dress

長版的開釦洋裝，可單穿當洋裝，
或開襟當長罩衫。

袖口有鬆緊設計，可捲起袖子，
顯得有精神又可愛。

Jumpsuit

綁帶背心連身褲

可以視體型或需求，去調整連身褲的領口與腰間綁帶，穿起來舒適又自在。選用顏色特別的淡綠色亞麻布，讓整體充滿溫柔氛圍，透氣又清爽，側邊附隱形口袋可放手機，是出遊或參加喜宴的特別選項！

俏皮可愛的花苞束口袋，尚未束起時呈長方袋子狀，將兩側抽繩拉緊時會將袋口束緊呈現水桶包感，可手提也可以單肩背。內層有口袋分層，外層還有兩個口袋可以放隨時要使用的物品，是個輕便又好搭的小包包。

How
to
make
P.106

項鍊・戒指／編輯私物
鞋子／NOUR

34

Style 15

花苞束口袋

How to make P.126

可以根據個人需求，決定領口及腰帶的寬鬆度。

兩側拉緊可將包袋束起，
外側有兩大口袋可以放隨身小物。

Drawstring bag

Style 16

披風式外套

Jacket cape

How to make P.118

洋裝為特殊的方角裙設計，不管是正面還是側面，都有豐富的層次。披風袖片能修飾手臂的線條，鬆緊帶收腰的方式，讓洋裝穿著更方便，也能符合更多身型。若將披風袖子去掉，也能變化成無袖的方角裙洋裝。

披風式外套結合了學院風格，可當成外套，亦可當上衣單穿。當手舉起時，會展現漂亮的圓弧袖子，活動起來很方便，拍照效果也很豐富，是一件任一角度都呈現華麗搖擺的外套。

帽子／攝影師私物
項鍊・戒指・包包／編輯私物
鞋子／NOUR

Style 17

不規則
方角裙洋裝
———

Irregular dress

How
to
make
P.103

下襬的方角設計，讓裙襬增添了特色和層次感。

外套的披風袖片，
呼應裙襬的層次感。

連帽襯衫
小外套

連帽襯衫可以單穿，也可以當成小外套罩
著穿。選用有絲綢質感的天絲麻，增加亞
麻的垂墜光澤感，適合進出冷氣房。鬆緊
七分袖的設計，可隨需求拉高固定。

圓裙為單色的薄棉麻材質，四季都很好搭
配，正面抽縐的裙頭能延伸視覺，後腰為
鬆緊帶製作，穿脫方便，是適合各種服裝
搭配的基本長裙款式。

How
to
make
P.112

戒指／編輯私物
耳環／森林占卜屋
鞋子／NOUR

Hooded Button-Up Jacket

縐褶鬆緊圓裙

Style 19

How
to
make
P.89

Circular skirt

加入帽子的設計，
讓襯衫多了小外套的呈現方式。

袖子及領口的抽縐設計，
讓襯衫顯得蓬鬆可愛。

圓襬綁帶背心

符合嚴酷夏天的上衣款式,選用淡紫色亞麻布來表現清爽。亞麻布通風涼爽、水分蒸發速度快,夏季出遊時,不再汗流浹背。除了圓裙,搭配短褲也很合適。

How
to
make
P.80

帽子／攝影師私物
手環・耳環／編輯私物
鞋子／NOUR

變化款

縐褶鬆緊圓裙 P.39

P.39縐褶鬆緊圓裙的變化款，
選擇以格子布製作，
隨著裁剪方向呈現出不同的感覺。

利用綁帶的方式，調整成理想的領圍。

Halter top

綁帶吊帶褲

How
to
make
P.70

充滿縐褶的蓬鬆襯衫，可單穿也可罩著穿，以亞麻布料襯出自然感的韌性，穿起來舒適又自在。出遊或工作皆能表現出輕鬆的正式感，搭配裙子或褲子以及拖鞋或涼鞋，皆能展現出不同的風格。

吊帶褲後方為鬆緊帶支撐，綁帶可依當天穿搭決定是否添加。一件褲子有多種穿搭，搭配襯衫呈現出中性文青感，亦可搭配其他有分量感的上衣，呈現可愛的氛圍。褲裙般的版型，能符合更多體型的人穿著，修飾性也很好。

戒指・眼鏡／編輯私物
鞋子／NOUR

der pants

圓領蓬蓬袖寬襯衫

Barrel
sleeves
shirt

綁帶可以自行決定使用與否。

上衣使用淺芋色的亞麻布料，
比白色好照顧。

How
to
make
P.100

方領口袋洋裝

薰衣草紫的薄棉麻材質，夏天穿著也不會悶熱，七分袖的設計也很適合進出冷氣房。設計了四個口袋，不只是裝飾，也能裝著隨身物件，輕輕鬆鬆就能輕便的出門！

包包・戒指／編輯私物
項鍊／喀樂屋屋
鞋子／NOUR

Square
neck dress

相較於前片的設計,背後相對簡單許多。

How
to
make
P.87

一共設計了四個口袋,可以放置隨身小
物,出門時非常便利。

口袋背心

Single breasted vest

洋裝／P.32蓬袖開釦洋裝
帽子／攝影師私物
耳環／森林占卜屋

以背心搭配服裝，能增加層次感，但也不會顯得厚重。
選用自然色系的墨綠色亞麻，
能輕易搭配大地色系或基本的黑、白、灰色。
除了有大大的口袋能裝隨身物品，
也能手插入口袋展現率性可愛的氣息。

How
to
make
P.76

簡約V領的俐落設計，胸口使用鈕環形式。　　　　　　　　使用森林色系的綠色亞麻布製作。

縐褶上衣

不用擔心肩寬合不合身的上衣，搭配公主袖設計，增加手部活動量，同時也能修飾手臂。選用親膚的天藍色水洗棉布，讓居家生活的品質與質感更美麗。

下身選用薄亞麻布料，薄軟透氣又清爽，在夏天穿著時不會悶熱緊貼身體，褲長也很適合炎熱的天氣。側邊安置了各一個隱形口袋，不管是居家活動或外出採買，都能穿著舒適地開心活動！

Gathered blouse

How
to
make
P.91

包包／設計師私物
髮帶／温室
耳環・戒指／森林占卜屋
鞋子／NOUR

48

鬆緊褲管八分褲

Harem pants

Style 26

How
to
make
P.95

側身增加抽縐的分量，讓上衣增添可愛的感覺。

鬆緊褲頭與褲管的設計，
是任何身型都能穿著的寬鬆褲款。

Style 27

寬鬆罩衫

———

耳環／森林占卜屋
戒指／編輯私物
洋裝／P.24露背綁帶七分袖洋裝

50

Robe

選用最舒適的雙層棉，如同睡衣般柔軟，讓罩衫的垂墜感更加成形，

織面帶有細小的波浪紋路，慵懶的版型，

讓外出時也如同在家的舒適。感受過雙層棉的舒適後，

就很難再離開它的溫柔包圍。

How to make P.74

飛鼠袖款式，不限制身型皆能適用。

簡易大布量的製法，作出有特殊輪廓的罩衫。

舟形口罩

————

在防疫的日子裡，口罩也變身為
搭配的配件之一。布口罩可重複
使用、對環境友善。外層選用韌
性高的亞麻布，內層選用親膚的
純棉二重紗，舟型（船型）口罩
的配戴與收納都很方便，中間還
有過濾層設計，可放入醫療口罩
裁片或過濾片。

耳環／森林占卜屋
上衣／P.18圓領上衣
裙子／P.19綁帶吊帶裙

Mask

How to make P.122

立體口罩非常修飾臉型，
搭配布料材質更舒適。

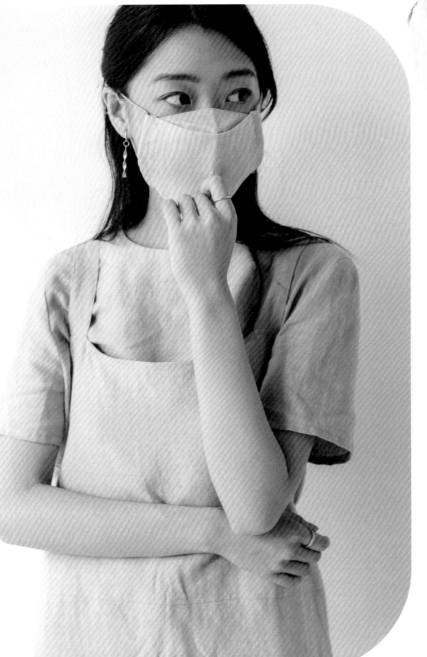

外層選用亞麻，內層選用柔軟二重紗。

設計師穿搭＆推薦款式

上衣
＋
綁帶吊帶裙 P.20

A

是工作裙也是外出裙，搭配簡單的上衣，配上牛津鞋或是涼鞋，當工作到一半需要外出採買，依舊能展現職人風格。
（上衣為參考款式）

圓領蓬蓬袖寬襯衫 P.43
＋
縐褶鬆緊圓裙 P.41

B

利用圓弧和蓬鬆的輪廓，製造出柔軟親切的感覺，整體為灰藍紫的色調，配上深藍色的樂福鞋，營造出優雅的氛圍。

落肩上衣
＋
綁帶吊帶褲 P.42

C

輕鬆的落肩上衣，搭上帶點中性感的吊帶褲，配
上率性的牛津鞋，散發一種童趣的氛圍。
（落肩上衣為參考款式）

素色洋裝
＋
蓬袖開釦洋裝 P.32

D

夏季可當長洋裝單穿，有點冷時可以當罩衫或
外加背心及內搭褲。是一件就可以穿出多樣
化，並表現多層次的襯衫洋裝。
（素色洋裝為參考款式）

露背綁帶五分袖上衣 P.23

　　　　　＋

大圓褲裙 P.22

E

當使用同一種布製作上身與下身的搭配時，會呈現套裝的正
式感；而使用不同顏色製作時，會轉換為另一種休閒感。

書中所使用的布料

書中使用五種以天然素材製作的布料，自然質樸&清爽的觸感，令人無法抗拒！

A 棉麻（80%棉＋20%亞麻）

擁有棉和亞麻的各自優點，外觀上保持了亞麻獨特的粗獷風格，又具有棉料柔軟的特性，手感軟於純亞麻布。

B 雙層棉（100%棉）

以兩層棉織成，穿著的舒適感及手感極佳，具有微微的縐褶感，適合詮釋自然、簡約及居家休閒感。

C 水洗棉（100%棉）

以棉為原料，經過三重的高溫水洗，令織物表面的色調、手感及光澤變得更加柔軟，具有輕微的縐褶感，可表現自然、簡約的風格，不易變形也不易褪色。

D 亞麻（100%亞麻）

亞麻布具有非常多的優點：吸濕性強、速乾、散熱快、耐摩擦、耐高溫、不易燃、不易裂、無靜電、吸塵率低、吸熱慢、抑菌保健、乾爽感、優雅又結實、對人體無害、抗過敏……

E 天絲麻（51%棉＋33%天絲＋16%麻）

織物具有潤澤光感、透氣及透濕性能好、水洗縮率較小、手感柔滑舒適、飄逸懸垂性好。

布料的選擇建議

看了P.57的布料介紹後，是否覺得目不暇給、難以選擇呢？以下將穿著時的需求及感受列表說明，就依自己的喜好來選擇吧！

個人喜好&需求	亞麻	棉麻	天絲麻	水洗棉	雙層棉
簡單清潔保養	●	●	●	●	●
體質易靜電／降低靜電	●	◑			
易流汗／排汗佳	●	◑			
體質濕氣重	●				
居住環境潮濕	●				
不用熨燙		◑	●	●	●
皮膚敏感		◑		●	●
休閒感		◑		●	●
久穿延伸另一種風格	◑	●			
具有涼感			●		

● 首選　◑ 候選

工具介紹

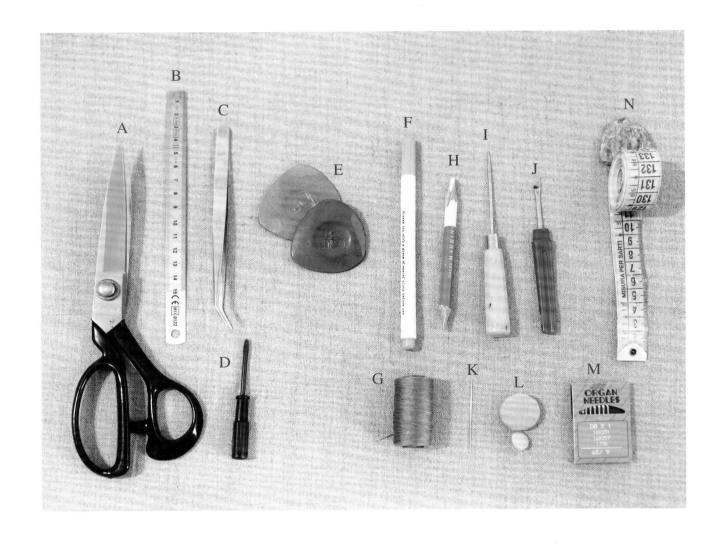

- Ⓐ 布剪
- Ⓑ 小鐵尺
- Ⓒ 鑷子
- Ⓓ 一字起子
- Ⓔ 粉土
- Ⓕ 消失筆
- Ⓖ 車縫線
- Ⓗ 粉土記號筆
- Ⓘ 錐子
- Ⓙ 拆線器
- Ⓚ 手縫針
- Ⓛ 鈕釦
- Ⓜ 車針
- Ⓝ 布尺
-     線剪

開始製作之前

關於尺寸

本書中的作品尺寸為 F 單一尺寸,使用布量多,適用於身高約155至165cm。
紙型胸圍94至148cm,腰圍25至29吋。
衣長可依個人喜好在紙型上增長或縮減。

準備布料

本書中合作的布行:
劉記布行 - 新北市三重區碧華街194號
阿宏布行 - 新北市三重區碧華街27號

可參考製作頁面標示的材料,或自選其他布料。
剛購買的布料,可以先「整理布紋」,
避免洗後縮水或形體走樣等變形的情形。
若是選用羊毛等特殊材質,請先詢問店家處理方法。

整理布紋

布邊與布紋走向呈直線平行,沿著布目從布料背面進行熨燙。熨燙針織布時,垂直按壓熨斗,避免造成布料的伸縮變形。

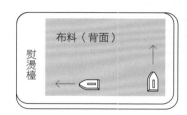

準備布料

縫針車縫過 2至3件成品後,尖端會開始變鈍,會影響針腳和衣服的完整度,建議要常常更換車縫針。
根據選用的布料搭配適合的車縫針及縫線,才能使車縫針不易斷裂,如用細針縫製厚布就很容易斷針。
針織布必須使用針織布專用的車縫針及縫線,才能避免跳針。
車縫的針目也會影響車縫流暢,一般車縫設定在2.5,車縫較厚處可調整為3。

布料	薄布料 (薄棉布・薄紗・綢緞等)	薄／中布料 (一般棉布・牛津布・棉麻等)	中／厚布料 (一般棉布・棉麻・絨布等)	厚布料 (厚質布・牛仔布等)
車縫針	9號針	11號針	14號針	16號針
車縫線	80號以上	50至60號	40至30號	20號

關於紙型

紙型的作法

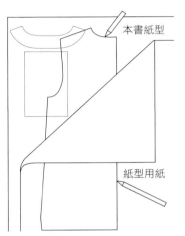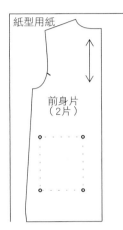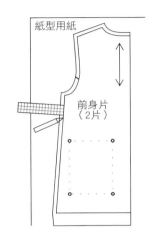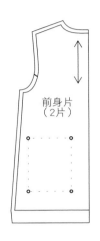

本書紙型

紙型用紙

紙型用紙

紙型用紙

紙型用紙

前身片
（2片）

前身片
（2片）

前身片
（2片）

① 本書所附的紙型皆已包含縫份，從附的紙型頁面中找到指定的紙型，上面鋪上可透出紙型線條的紙張，確認以後開始描繪，亦可先用麥克筆在原紙型上標示線條。
除了描繪輪廓線，布紋線、口袋位置、合印記號、布片名稱、布片數量等記號與說明也需要描繪記錄寫下。

② 根據裁布圖在紙型用紙上畫上縫份或是寫上縫份。

③ 沿著縫份剪下紙型後開始製作。

紙型上的記號

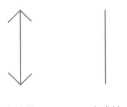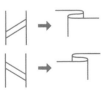

布紋線　　完成線　　　摺雙　　　　褶線　　　抽細褶　　合印記號　　　褶襉
　　　　　　　　　（布料的褶線處）　　　　　或縮縫　　　　　　（打褶處車縫方向）

關於裁剪 · 準備裁片

參考作品的裁布圖來配置紙型。

在裁剪台上將布料鋪平，參考布料經緯線的垂直水平進行整布。

利用粉土畫線和布鎮固定布料與紙型。

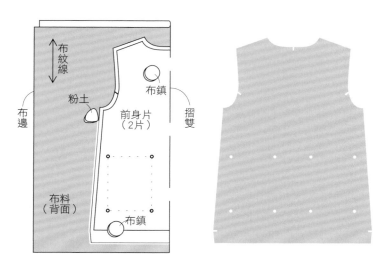

粉土畫上紙型輪廓線、合印記號、口袋和下襬後，將紙型取下，以布鎮繼續固定布料，沿著粉土輪廓線內側剪下布片。

標記合印記號的方法

以剪刀剪約3mm深度的小角或一刀，即為合印記號（牙口）。

標記口袋記號的方法

無法剪牙口時，可以用複寫紙、記號筆或消失筆作上記號。

裁片分辨記號

可於裁片背面貼上紙膠帶，或是角落用粉土打記號，以便於分辨正背面。

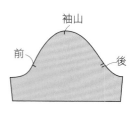

袖子裁片可剪兩個牙口在後側。

關於黏著襯 • 斜紋布條 • 抽細褶

黏著襯的使用方法

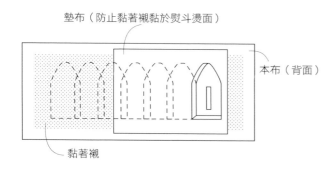

墊布（防止黏著襯黏於熨斗燙面）

本布（背面）

黏著襯

黏著襯要以熨斗一次次重疊無間隙的壓燙，確認每處均有熨燙到，貼合在布料上。

建議在熨斗與黏著襯之間墊上一塊薄布，避免黏著襯殘留在熨斗燙面，防止後續不好清理與維護。

斜紋布條的製作方式

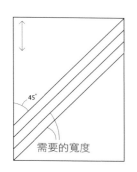

45°

需要的寬度

（背面）

（正面）

← 正面相對疊合車縫，
對齊直角車縫。

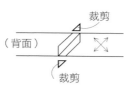

裁剪

（背面）

裁剪

與布紋線呈現45°角剪下需要寬度的布料，作為滾邊、包邊使用。需要長條時，則剪下多條相同寬度的布條接合使用。

抽細褶的方法

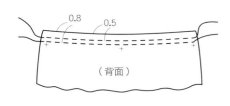

0.8 0.5

（背面）

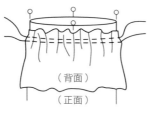

（背面）

（正面）

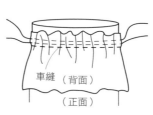

車縫 （背面）

（正面）

（正面）

（正面）

1 調整至粗針目（約3至4），車縫兩條線，前後都留一段較長的線頭。

2 抽拉下線的縫線作出細褶，讓布料縮至要縫合的布料的寬度，對齊兩端及兩中心（四個點）。

3 將裁片縫合。

4 縫份倒向荷葉邊的另一側。

Round neck
blouse

圓領上衣 P.18

■ 完成尺寸（Free Size）

衣長51cm
胸圍98cm

■ 材料

亞麻布（淡雅綠）⋯⋯寬140×66cm
黏著襯（白色）⋯⋯⋯寬66×13cm
釦子1顆 ⋯⋯⋯⋯⋯直徑1cm

■ 原寸紙型A面【 6 】

1.前身片
2.後身片
3.袖子
4.前貼邊
5.後貼邊
6.釦環布

裁布圖

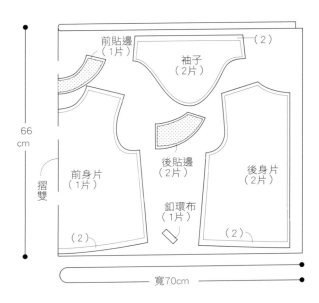

※（ ）中的數字為縫份。
除指定處之外，縫份皆為1cm。
※在 ▨ 的背面貼上黏著襯。

準備

前貼邊 / 後貼邊背面
貼上黏著襯。

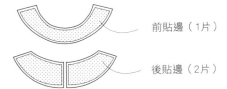

前貼邊（1片）

後貼邊（2片）

縫製順序

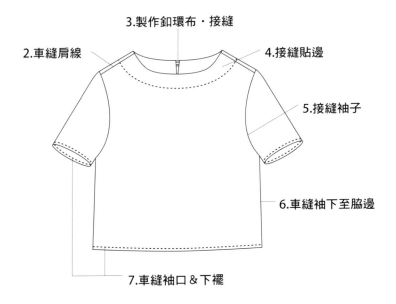

3.製作釦環布・接縫

2.車縫肩線

4.接縫貼邊

5.接縫袖子

6.車縫袖下至脇邊

7.車縫袖口＆下襬

8.裝上釦子

1.後身片中心接縫

1.後身片中心接縫

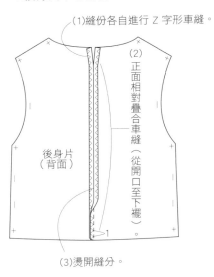

(1)縫份各自進行Z字形車縫。

(2)正面相對疊合車縫（從開口至下襬）

(3)燙開縫分。

2.車縫肩線

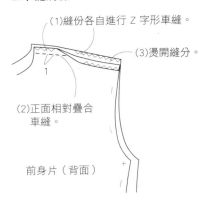

(1)縫份各自進行Z字形車縫。

(3)燙開縫分。

(2)正面相對疊合車縫。

前身片（背面）

3.製作釦環布・接縫

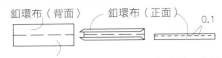

釦環布（背面）　釦環布（正面）　0.1

(1)對摺整燙。　(2)正面相對對摺車縫、整燙。

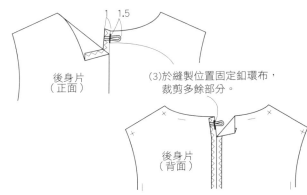

1　1.5

後身片（正面）

(3)於縫製位置固定釦環布，裁剪多餘部分。

後身片（背面）

4.接縫貼邊

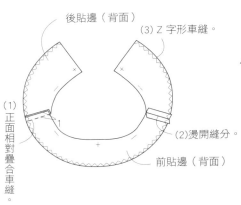

後貼邊（背面）

(3)Z字形車縫。

(1)正面相對疊合車縫。

(2)燙開縫分。

前貼邊（背面）

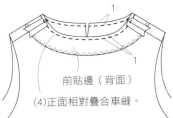

1

前貼邊（背面）

1

(4)正面相對疊合車縫。

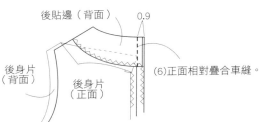

後貼邊（背面）　0.9

後身片（背面）

後身片（正面）

(6)正面相對疊合車縫。

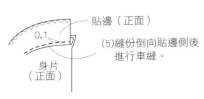

貼邊（正面）

0.1

身片（正面）

(5)縫份倒向貼邊側後進行車縫。

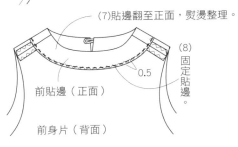

(7)貼邊翻至正面，熨燙整理。

前貼邊（正面）

0.5

前身片（背面）

(8)固定貼邊。

5.接縫袖子

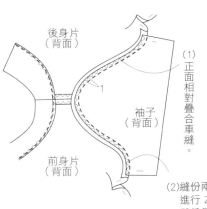

後身片（背面）

(1)正面相對疊合車縫。

袖子（背面）

1

前身片（背面）

(2)縫份兩片一起進行Z字形車縫。縫份倒向衣身側整燙。

6.車縫袖下至脇邊

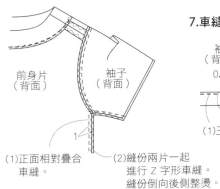

前身片（背面）

袖子（背面）

1

(1)正面相對疊合車縫。

(2)縫份兩片一起進行Z字形車縫。縫份倒向後側整燙。

7.車縫袖口＆下襬

袖子（背面）

0.1

1

(1)三摺邊車縫。

身片（背面）

0.1

1

2

(2)三摺邊車縫。

8.裝上釦子

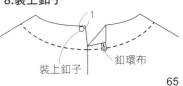

1

裝上釦子　釦環布

Palazzo pants

大圓褲裙 P.22

■ 完成尺寸（Free Size）

腰圍63.5至73.6cm（25吋至29吋）

褲長76cm

■ 材料

中亞麻布（粉藕色）⋯⋯⋯ 寬140×195cm

黏著襯（白色）⋯⋯⋯⋯⋯ 寬9×34cm

■ 原寸紙型C面【 8 】

1 . 左前褲管

2 . 右前褲管

3 . 後褲管

4 . 前腰帶

5 . 後腰帶

6 . 上袋布

7 . 下袋布

裁布圖

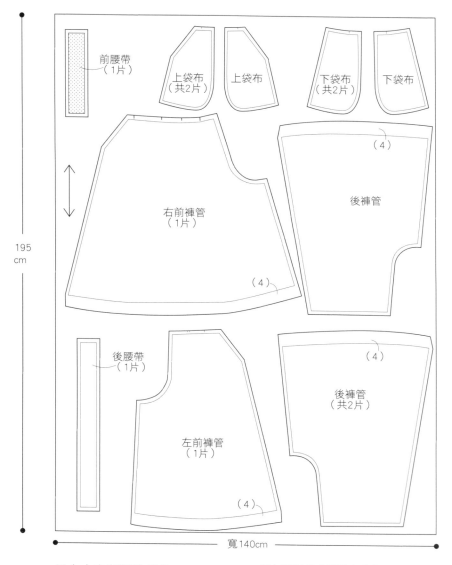

前腰帶
（1片）

上袋布
（共2片）

上袋布

下袋布
（共2片）

下袋布

右前褲管
（1片）

（4）

後褲管

（4）

後腰帶
（1片）

左前褲管
（1片）

（4）

後褲管
（共2片）

（4）

195
cm

寬140cm

※（ ）中的數字為縫份。
　除指定處之外，縫份皆為1cm。

※在▨▨▨的背面貼上黏著襯。
※此款使用布料正面畫紙型。

縫製順序

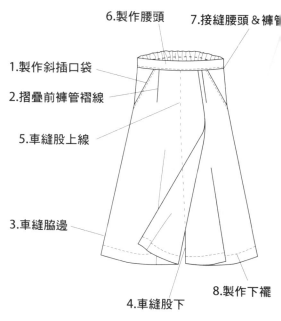

6.製作腰頭

7.接縫腰頭＆褲管

1.製作斜插口袋

2.摺疊前褲管褶線

5.車縫股上線

3.車縫脇邊

4.車縫股下

8.製作下襬

準備　於前腰帶貼上黏著襯。

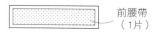

前腰帶
（1片）

1.製作斜插口袋

(1)正面相對疊合車縫。
上袋布（背面）
左前褲管（正面）
1

(2)縫份倒向上袋布車縫。
0.1
上袋布（正面）
左前褲管（正面）

(3)背面相對疊合，正面壓線。
0.5
左前褲管（正面）

(4)正面相對疊合車縫。
(5)縫份一起進行Z字形車縫。
※右側相同作法。
下袋布（背面）
上袋布
左前褲管（背面）
1

2.摺疊前褲管褶線

下袋布（正面）
0.9
0.9
(2)固定燙褶位置。
(1)燙整打褶，倒向中心側。
0.9
右前褲管（正面）
左前褲管（正面）

3.車縫脇邊

(1)正面相對疊合車縫。
後褲管（正面）
(2)縫份兩片一起進行Z字形車縫。縫份倒向後褲管整燙。
左前褲管（背面）
※右側相同作法。

4.車縫股下

後褲管（正面）
(1)正面相對疊合車縫。
(2)縫份各自進行Z字形車縫。縫份兩側燙開。
前褲管（背面）

5.車縫股上線

(1)左右褲管正面相對疊合車縫。
(2)縫份兩片一起進行Z字形車縫。
下袋布（背面）
1
前褲管（背面）
後褲管（背面）

6.製作腰頭

前腰頭（正面）
(1)對摺整燙。
後腰頭（正面）

後腰頭（正面）　前腰頭（正面）
1
(4)單邊縫份倒向背面。

(3)縫份倒向後腰頭整燙。
後腰頭（正面）
1
(2)正面相對疊合車縫。
前腰頭（背面）

後腰頭（正面）
燙份
摺雙
(5)壓線固定鬆緊帶。
鬆緊帶
※另一側相同作法。
前腰頭（背面）

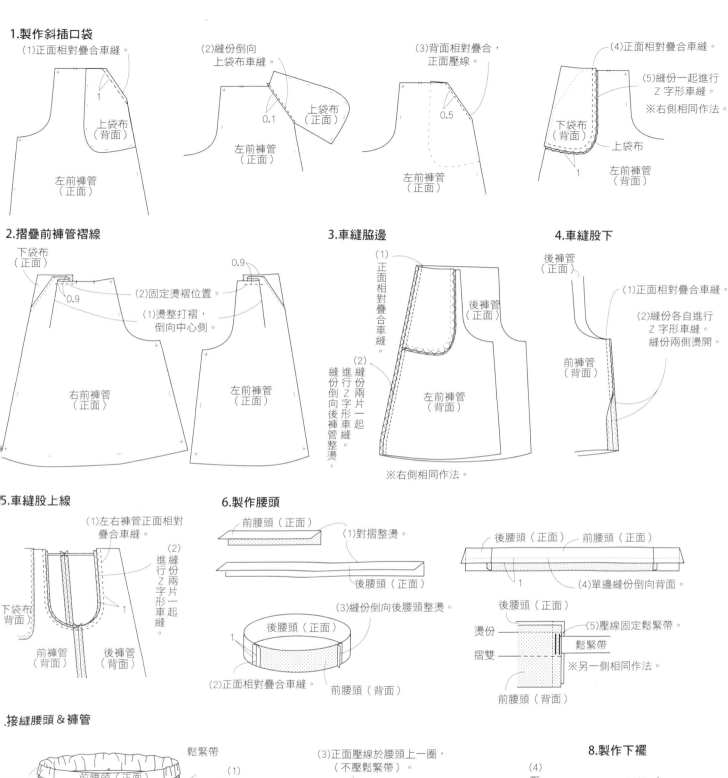

7.接縫腰頭＆褲管

鬆緊帶
後腰頭（正面）
前腰頭（正面）
(1)腰頭（內側正面）與褲管（背面）疊合車縫相對。
前中心
前褲管（正面）
脇邊 - 前中心 - 脇邊 - 後中心 - 脇邊 /終

(2)縫份倒向腰頭整燙。
(3)正面壓線於腰頭上一圈，（不壓鬆緊帶）。
(4)壓線固定鬆緊帶。（無進行也可）
前中心
0.1
脇邊
後中心

8.製作下襬

褲管（背面）
0.1
1
3
(1)三摺邊車縫。

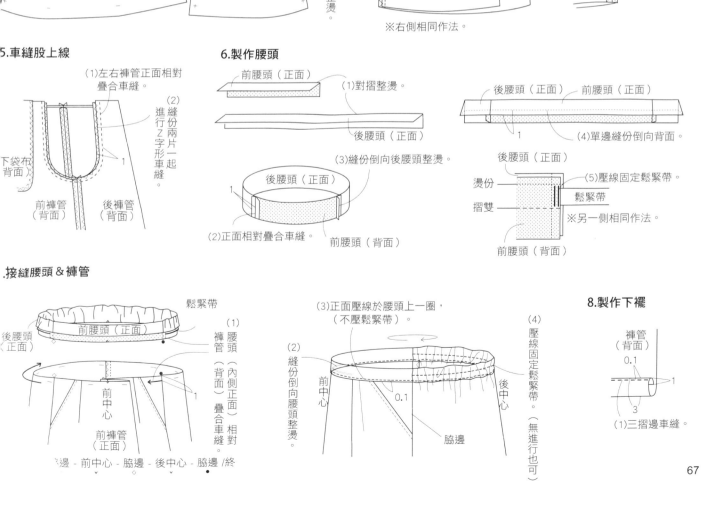

綁帶吊帶裙 P.19

■ 完成尺寸（Free Size）

衣長108cm
腰圍92至104cm
吊帶長140cm

■ 材料

中亞麻布（原色）……寬140×215cm
鬆緊帶（白色）………寬2分or3分×40cm

■ 原寸紙型 E 面【7】

1. 前身片
2. 前裙片
3. 後裙片
4. 上袋布
5. 下袋布
6. 後鈕環布
7. 口袋
8. 後滾邊
9. 吊帶

裁布圖

前身片
（2片）

後滾邊
（1片）

吊帶
（2片）

前裙片
（1片）

後鈕環布
（2片）

（1.5）

口袋
（2片）

（3）

上袋布
（2片）

摺雙

後裙片
（1片）

下袋布
（2片）

（1.5）

215
cm

寬70cm

縫製順序

3. 製作吊帶

5. 製作前身片

4. 接合前片

2. 製作斜插口袋

7. 製作後鬆緊帶

6. 製作後鈕環布

1. 製作口袋

8. 車縫脇邊

9. 製作下襬

1.製作口袋

2
1
(2)三摺邊車縫。
0.1
口袋
（背面）
(1)Z字形車縫。

2.製作斜插口袋

(1)正面相對疊合車縫。

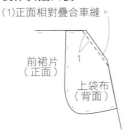

前裙片
（正面）
上袋布
（背面）

(2)縫份倒向
上袋布車縫。

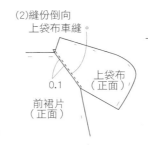

0.1
前裙片
（正面）
上袋布
（正面）

(3)背面相對疊合，
正面壓線。

0.5
前裙片
（正面）

(4)正面相對疊合車縫。

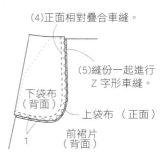

下袋布
（背面）
(5)縫份一起進行
Z字形車縫。
上袋布 （正面）
前裙片（背面）
1

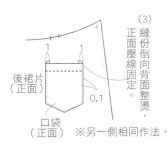

1
1
(3)
縫份倒向背面整燙，正面壓線固定。
後裙片
（正面）
0.1
口袋
（正面）
※另一側相同作法。

3.製作吊帶

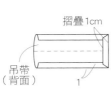

摺疊1cm
吊帶
（背面）
吊帶
（正面）
1

吊帶
（正面）
車縫
※另一條相同作法。

4.接合前片

(1)正面相對疊合車縫。

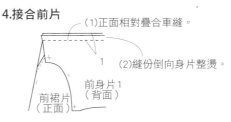

1
(2)縫份倒向身片整燙。
前裙片
（正面）
前身片1
（背面）

5.製作前身片

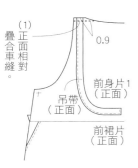

(1)正面相對疊合車縫。
0.9
前身片1
（正面）
吊帶
（正面）
前裙片
（正面）

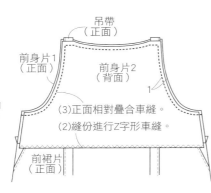

吊帶
（正面）
前身片1
（正面）
前身片2
（背面）
1
(3)正面相對疊合車縫。
(2)縫份進行Z字形車縫。
前裙片
（正面）

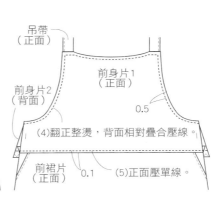

吊帶
（正面）
前身片2
（背面）
前身片1
（正面）
0.5
(4)翻正整燙，背面相對疊合壓線。
前裙片
（正面）
0.1
(5)正面壓單線。

6.製作後釦環布

（正面）
(1)正面相對疊合車縫。
1
0.1
(2)翻正整燙。
(3)壓線固定。

(4)對摺整燙備用。

7.製作後鬆緊帶

(1)固定後釦環布。
※另一側相同作法。
0.7
後釦環布
（正面）
後裙片
（正面）
口袋
（正面）

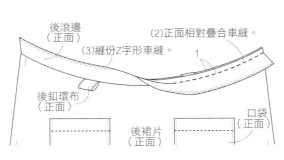

後滾邊
（正面）
(3)縫份Z字形車縫。
(2)正面相對疊合車縫。
1
後釦環布
（正面）
口袋
（正面）
後裙片
（正面）

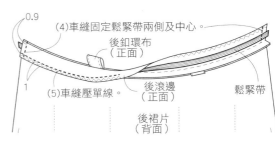

0.9
(4)車縫固定鬆緊帶兩側及中心。
後釦環布
（正面）
1
(5)車縫壓單線。
後滾邊
（正面）
鬆緊帶
後裙片
（背面）

8.車縫脇邊

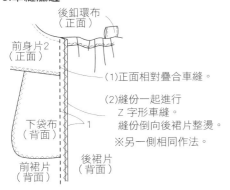

後釦環布
（正面）
前身片2
（正面）
(1)正面相對疊合車縫。
(2)縫份一起進行
Z字形車縫。
縫份倒向後裙片整燙。
※另一側相同作法。
下袋布
（背面）
1
前裙片
（背面）
後裙片
（背面）

9.製作下襬

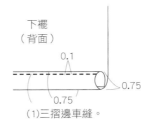

下襬
（背面）
0.1
0.75
0.75
(1)三摺邊車縫。

(2)將吊帶通過後釦環布。

69

Suspender
pants

綁帶吊帶褲 P.42

■ 完成尺寸（Free Size）

褲長82.5cm
腰圍63.5至73.7cm（25至29吋）
綁帶長110cm

■ 材料

中亞麻布（中層灰）………… 寬140×190cm
黏著襯（白色）……………… 寬6×37cm
鬆緊帶（1吋）……………… 29.5至39.5cm
（根據腰圍裁剪長度）

■ 原寸紙型 E 面 【 21 】

1.前褲管
2.後褲管
3.上袋布
4.下袋布
5.前腰帶
6.後腰帶
7.前釦環布
8.後釦環布
9.吊帶

裁布圖

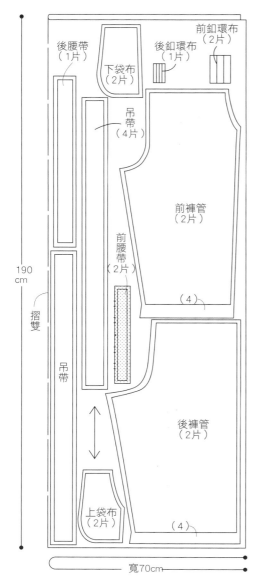

190cm

摺雙

後腰帶（1片）
下袋布（2片）
前釦環布（2片）
後釦環布（1片）
吊帶（4片）
前褲管（2片）
前腰帶（2片）
（4）
吊帶
後褲管（2片）
（4）
上袋布（2片）
寬70cm

※（ ）中的數字為縫份。
　除指定處之外，縫份皆為1cm。

※在▨▨▨▨ 的背面貼上黏著襯。

縫製順序

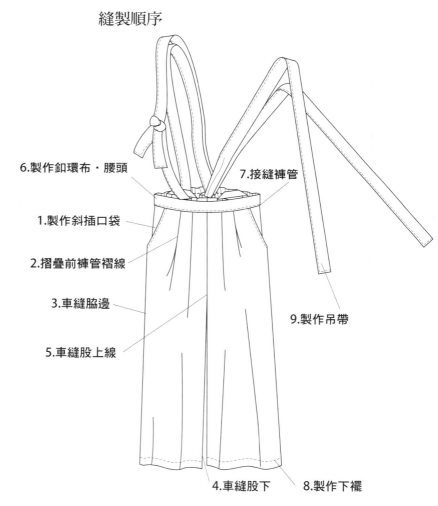

6.製作釦環布・腰頭

1.製作斜插口袋

2.摺疊前褲管褶線

3.車縫脅邊

5.車縫股上線

7.接縫褲管

9.製作吊帶

4.車縫股下

8.製作下襬

準備

於前腰帶背面貼上黏著襯。

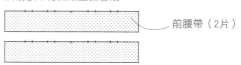

前腰帶（2片）

1.製作斜插口袋

(1)正面相對疊合車縫。

前褲管（正面）
上袋布（背面）
1

(2)縫份倒向上袋布車縫。

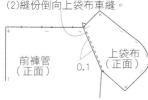

前褲管（正面）
上袋布（正面）
0.1

(3)背面相對疊合，正面壓線。

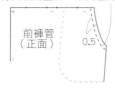

前褲管（正面）
0.5

(4)正面相對疊合車縫，縫份一起進行Z字形車縫。

下袋布（背面）
上袋布
前褲管（背面）
上袋布
1

※另一側相同作法。

2.摺疊前褲管褶線

(1)整燙打褶，倒向中心側。

0.9
前褲管（正面）

(2)車縫固定燙褶位置。

3.車縫脇邊

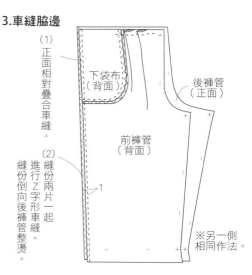

(1)正面相對疊合車縫。

下袋布（背面）
後褲管（正面）
前褲管（背面）

(2)縫份兩片一起進行Z字形車縫。縫份倒向後褲管整燙。
1

※另一側相同作法。

4.車縫股下

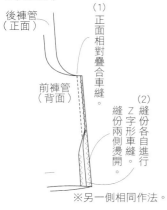

後褲管（正面）
前褲管（背面）

(1)正面相對疊合車縫。

(2)縫份兩側各自進行Z字形車縫，縫份燙開。
1

※另一側相同作法。

5.車縫股上線

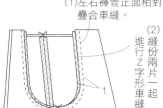

(1)左右褲管正面相對疊合車縫。

(2)縫份兩片一起進行Z字形車縫。

前褲管（背面）
後褲管（背面）
1

6.製作鈕環布・腰頭

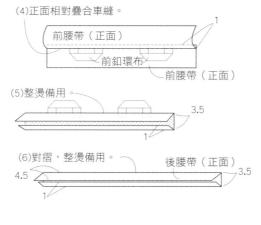

鈕環布（背面）　鈕環布（正面）

(1)對摺整燙。 (2)正面相對對摺車縫、整燙。

前鈕環布　　後鈕環布

(3)整燙備用。
1

(4)正面相對疊合車縫。

前腰帶（正面）
前鈕環布
前腰帶（正面）
1

(5)整燙備用。
3.5
1

(6)對摺，整燙備用。
後腰帶（正面）
4.5　3.5
1

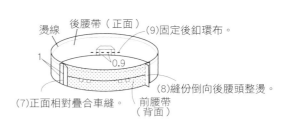

後腰帶（正面）
燙線
(9)固定後鈕環布。
0.9
1
(7)正面相對疊合車縫。
(8)縫份倒向後腰頭整燙。
前腰帶（背面）

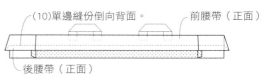

(10)單邊縫份倒向背面。
前腰帶（正面）
後腰帶（正面）

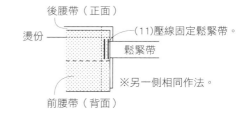

後腰帶（正面）
燙份
(11)壓線固定鬆緊帶。
鬆緊帶
前腰帶（背面）
※另一側相同作法。

7.接縫褲管

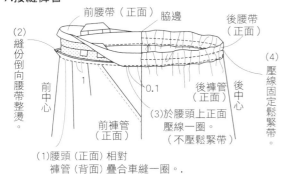

前腰帶（正面）　脇邊　後腰帶（正面）

(2)縫份倒向腰帶整燙。

前中心
1
0.1
前褲管（正面）
後褲管（正面）
後中心
(3)於腰頭上正面壓線一圈。（不壓鬆緊帶）
(4)壓線固定鬆緊帶。

(1)腰頭（正面）相對褲管（背面）疊合車縫一圈。
※起：脇邊 - 前中心 - 脇邊 - 後中心 - 脇邊 /終

8.製作下襬

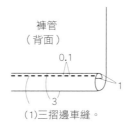

褲管（背面）
0.1
3
1
(1)三摺邊車縫。

9.製作吊帶

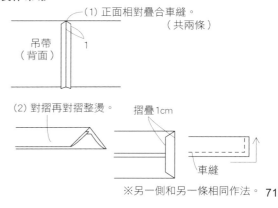

(1)正面相對疊合車縫。（共兩條）
吊帶（背面）
1

(2)對摺再對摺整燙。
摺疊1cm
車縫

※另一側和另一條相同作法。

71

Button dress

開釦設計寬鬆洋裝　P.8

■ 完成尺寸（Free Size）

衣長97cm
胸圍113cm
袖長26cm

■ 材料

中亞麻布（黃色）····寬 140 × 220 cm
直徑1cm釦子 ········· 3 顆

■ 原寸紙型 A 面【 1 】

1.前身片
2.前側身片
3.前剪接
4.後身片
5.前口袋
6.袖子
7.領口滾邊（斜紋布條）
8.口袋包邊（斜紋布條）
9.釦環布

裁布圖

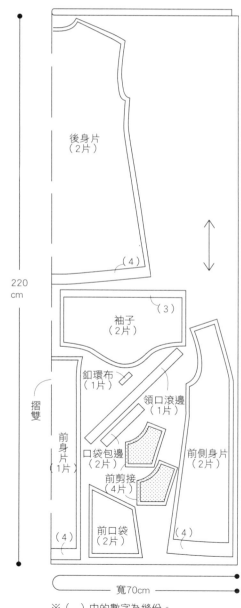

後身片
（2片）

（4）

220
cm

袖子
（2片）

（3）

釦環布
（1片）

領口滾邊
（1片）

摺雙

口袋包邊
（2片）

前剪接
（4片）

前側身片
（2片）

前身片
（1片）

（4）

前口袋
（2片）

（4）

寬70cm

※（　）中的數字為縫份。
　除指定處之外，縫份皆為1cm。

※在 ▨ 的背面貼上黏著襯。

縫製順序

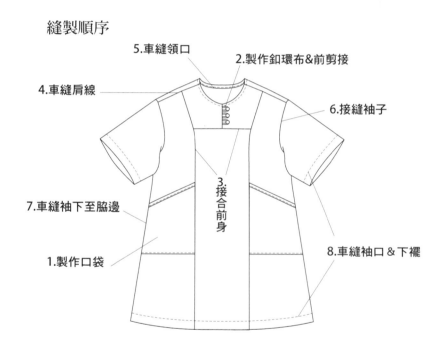

5.車縫領口
2.製作釦環布&前剪接
4.車縫肩線
6.接縫袖子
7.車縫袖下至脇邊
3.接合前身
1.製作口袋
8.車縫袖口 & 下襬

1.製作口袋

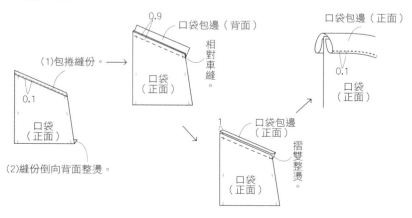

(1)包捲縫份。

0.1

口袋
（正面）

0.9

口袋包邊（背面）

相對車縫。

口袋
（正面）

口袋包邊（正面）

0.1

口袋
（正面）

口袋包邊
（正面）

摺雙整燙。

口袋
（正面）

(2)縫份倒向背面整燙。

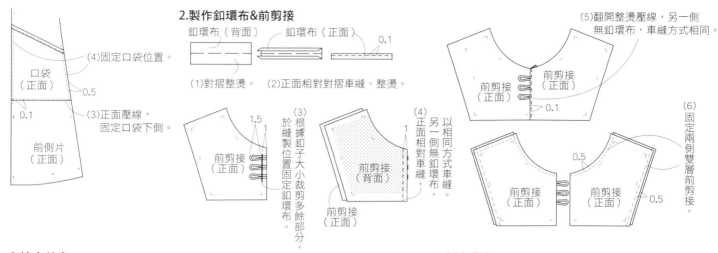

2.製作釦環布&前剪接

釦環布（背面）　釦環布（正面）　0.1

(1)對摺整燙。　(2)正面相對對摺車縫、整燙。

(3)根據釦子大小裁剪多餘部分，於縫製位置固定釦環布，
前剪接（正面）　1.5　1

(4)以相同方式車縫，另一側無釦環布，正面相對車縫。
前剪接（背面）　1
前剪接（正面）

(5)翻開整燙壓線，另一側無釦環布，車縫方式相同。
前剪接（正面）　前剪接（正面）　0.1

前剪接（正面）　前剪接（正面）　0.5　0.5

(6)固定兩側雙層前剪接。

3.接合前身

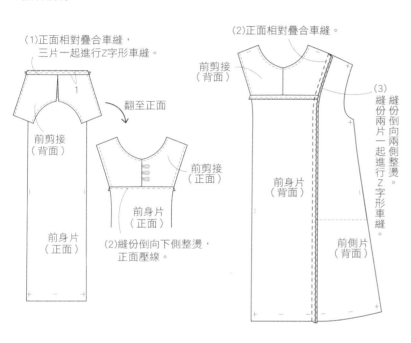

(1)正面相對疊合車縫，三片一起進行Z字形車縫。
1
前剪接（背面）

翻至正面

前剪接（背面）　前剪接（正面）
前身片（正面）
(2)縫份倒向下側整燙，正面壓線。
前身片（正面）

(2)正面相對疊合車縫。
前剪接（背面）
(3)縫份倒向兩側整燙。縫份兩片一起進行Z字形車縫。
前身片（背面）
前側片（背面）

4.車縫肩線

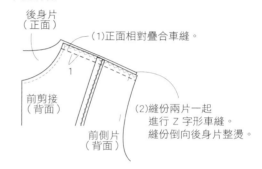

後身片（正面）
(1)正面相對疊合車縫。
1
前剪接（背面）
前側片（背面）
(2)縫份兩片一起進行Z字形車縫。縫份倒向後身片整燙。

5.車縫領口

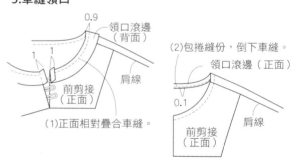

0.9　領口滾邊（背面）
1　1
前剪接（正面）
肩線
(1)正面相對疊合車縫。

(2)包捲縫份，倒下車縫。
領口滾邊（正面）
0.1
前剪接（正面）
肩線

6.接縫袖子

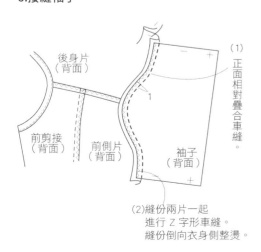

後身片（背面）
(1)正面相對疊合車縫。
前剪接（背面）　前側片（背面）　袖子（背面）
(2)縫份兩片一起進行Z字形車縫。縫份倒向衣身側整燙。

7.車縫袖下至脇邊

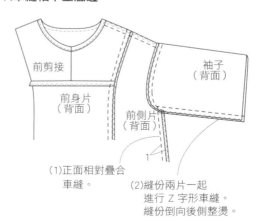

前剪接
前身片（背面）
袖子（背面）
前側片（背面）
1
(1)正面相對疊合車縫。
(2)縫份兩片一起進行Z字形車縫。縫份倒向後側整燙。

8.車縫袖口&下襬

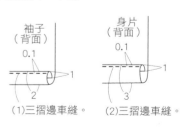

袖子（背面）　身片（背面）
0.1　0.1
1　1
2　3
(1)三摺邊車縫。　(2)三摺邊車縫。

Robe

寬鬆罩衫　P.50

■ 完成尺寸（Free Size）
衣長96 cm
衣寬114cm

■ 材料
雙層棉（灰藍色）⋯⋯寬150 × 185cm

■ 原寸紙型 F 面【 27 】
1.身片
2.剪接片
3.袖子
4.口袋

裁布圖

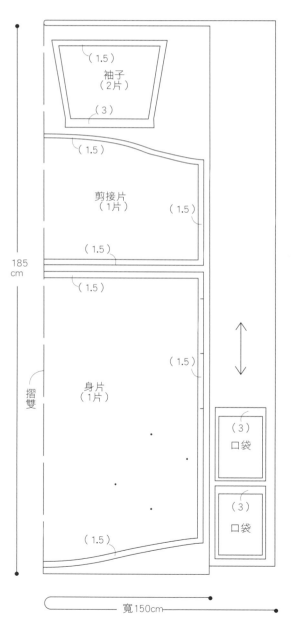

（1.5）
袖子
（2片）
（3）

（1.5）

剪接片
（1片）
（1.5）

（1.5）

（1.5）

185
cm

（1.5）

摺雙

身片
（1片）

（3）
口袋

（3）
口袋

（1.5）

寬150cm

縫製順序

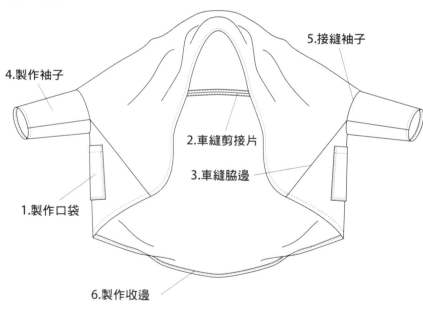

5.接縫袖子

4.製作袖子

2.車縫剪接片

3.車縫脅邊

1.製作口袋

6.製作收邊

74

※（ ）中的數字為縫份。
　除指定處之外，縫份皆為1cm。

1.製作口袋

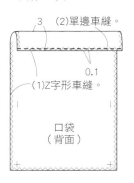

3　(2)單邊車縫。

0.1

(1)Z字形車縫。

口袋
（背面）

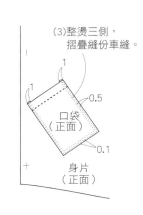

(3)整燙三側，
摺疊縫份車縫。

1

1

0.5

口袋
（正面）

0.1

身片
（正面）

2.車縫剪接片

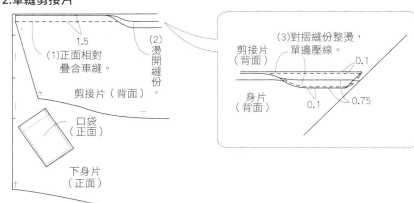

1.5

(1)正面相對
疊合車縫。

(2)
燙開縫份。

剪接片（背面）

口袋
（正面）

下身片
（正面）

剪接片
（背面）

(3)對摺縫份整燙，
單邊壓線。

0.1

身片
（背面）

0.1

0.75

3.車縫脅邊

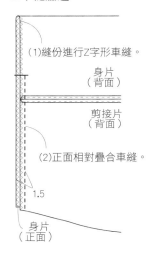

(1)縫份進行Z字形車縫。

身片
（背面）

剪接片
（背面）

(2)正面相對疊合車縫。

1.5

身片
（正面）

4.製作袖子

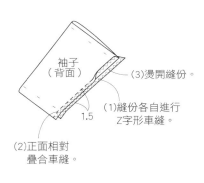

袖子
（背面）

(3)燙開縫份。

(1)縫份各自進行
Z字形車縫。

1.5

(2)正面相對
疊合車縫。

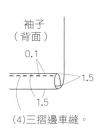

袖子
（背面）

0.1

1.5

1.5

(4)三摺邊車縫。

(4)縫份Z字形車縫。

袖子
（背面）

5.接縫袖子

1.5

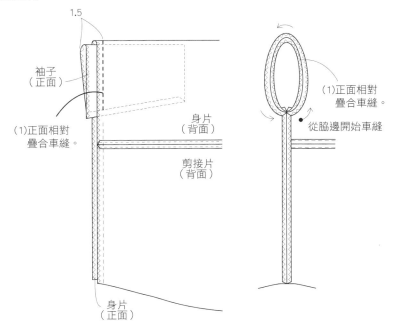

袖子
（正面）

(1)正面相對
疊合車縫。

身片
（背面）

剪接片
（背面）

身片
（正面）

(1)正面相對
疊合車縫。

從脅邊開始車縫

6.製作收邊

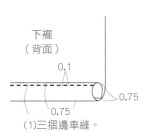

下襬
（背面）

0.1

0.75

0.75

(1)三摺邊車縫。

Single breasted vest

口袋背心 P.46

■ 完成尺寸（Free Size）

衣長85cm
胸圍98cm

■ 材料

厚亞麻布（軍綠）……寬135×130cm
黏著襯………………寬45×88cm
直徑2.2cm釦子……1顆

■ 原寸紙型F面【24】

1.前身片
2.後身片
3.口袋
4.前貼邊
5.後貼邊
6.釦環布
7.袖口滾邊（斜紋布條）

裁布圖

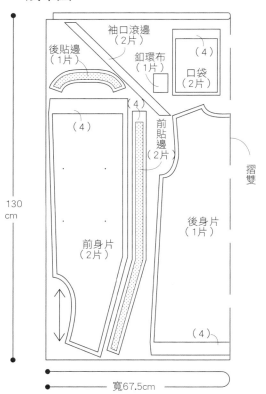

袖口滾邊（2片）
後貼邊（1片）
釦環布（1片）
（4）
口袋（2片）
（4）
前貼邊（2片）
摺雙
（4）
前身片（2片）
後身片（1片）
（4）
130cm
寬67.5cm

※（　）中的數字為縫份。
　除指定處之外，縫份皆為1cm。
※在 ▨ 的背面貼上黏著襯。

縫製順序

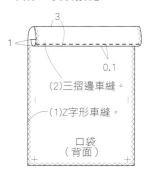

3.接縫貼邊
5.車縫袖口滾邊
4.製作釦環布，接縫身片和貼邊
7.裝上釦子
1.製作口袋及接縫
2.車縫肩線&脇邊
6.車縫下襬

準備

前貼邊（2片）
後貼邊（1片）

於前貼邊及後貼邊背面貼上黏著襯。

1.製作口袋及接縫

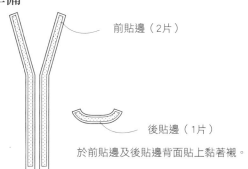

3
1
0.1
(2)三摺邊車縫。
(1)Z字形車縫。
口袋（背面）

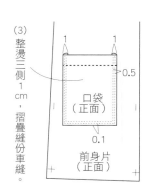

(3)整燙三側1cm，摺疊縫份車縫。
1
1
0.5
口袋（正面）
0.1
前身片（正面）

2.車縫肩線&脇邊

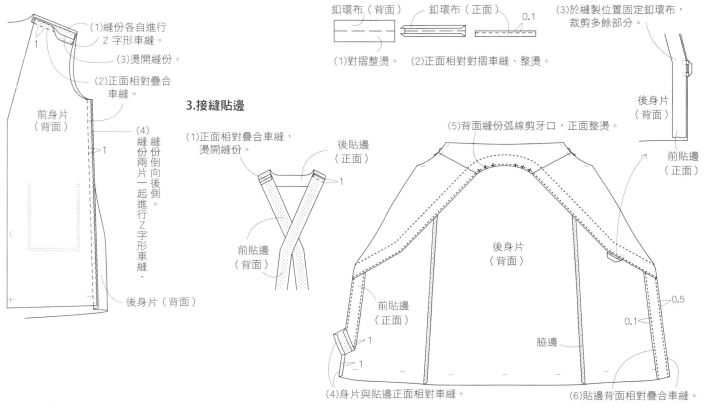

(1)縫份各自進行Z字形車縫。

(3)燙開縫份。

(2)正面相對疊合車縫。

前身片（背面）

(4)縫份兩片一起進行Z字形車縫，縫份倒向後側。

1

後身片（背面）

4.製作釦環布，接縫身片和貼邊

釦環布（背面）　釦環布（正面）　0.1

(1)對摺整燙。　(2)正面相對對摺車縫、整燙。

(3)於縫製位置固定釦環布，裁剪多餘部分。

後身片（背面）

前貼邊（正面）

3.接縫貼邊

(1)正面相對疊合車縫，燙開縫份。

後貼邊（正面）

1

前貼邊（背面）

(5)背面縫份弧線剪牙口，正面整燙。

後身片（背面）

前貼邊（正面）

0.5

0.1

脇邊

1

1

(4)身片與貼邊正面相對車縫。

(6)貼邊背面相對疊合車縫。

5.車縫袖口滾邊

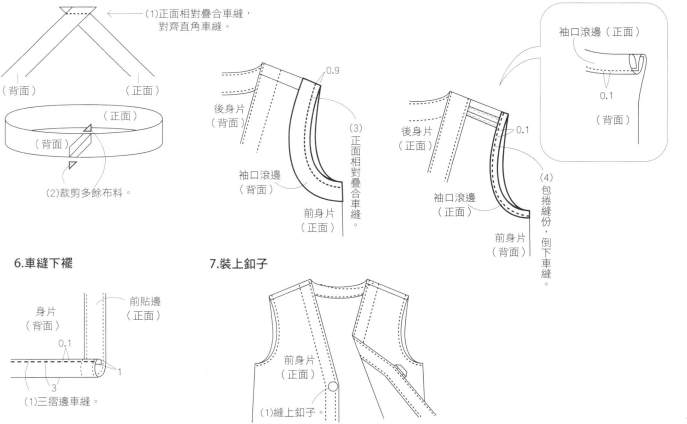

（背面）　（正面）

(1)正面相對疊合車縫，對齊直角車縫。

（正面）

（背面）

(2)裁剪多餘布料。

袖口滾邊（正面）

0.1

（背面）

0.9

後身片（背面）

(3)正面相對疊合車縫。

袖口滾邊（背面）

前身片（正面）

後身片（正面）

0.1

袖口滾邊（正面）

前身片（背面）

(4)包捲縫份，倒下車縫。

6.車縫下襬

身片（背面）

前貼邊（正面）

0.1

1

3

(1)三摺邊車縫。

7.裝上釦子

前身片（正面）

(1)縫上釦子

Wrap dress

一片繫帶連身洋裝 P.16

■ 完成尺寸（Free Size）

衣長120cm
胸寬100cm
臀寬108cm

■ 材料

中亞麻（透雪白）⋯⋯寬140×305cm

■ 原寸紙型 B 面【 5 】

1.前身片
2.左後身片
3.右後身片
4.袖子
5.釦環布
6.綁帶
7.領口滾邊（斜紋布條）

裁布圖

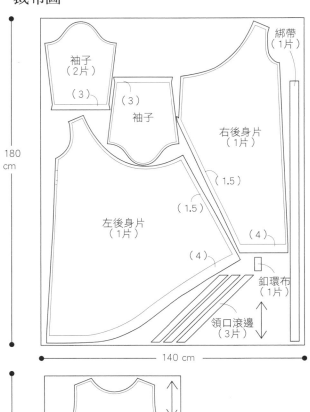

綁帶
（1片）

袖子
（2片）
（3）

（3）
袖子

右後身片
（1片）

（1.5）

（1.5）

左後身片
（1片）

（4）

（4）

釦環布
（1片）

領口滾邊
（3片）

180 cm

140 cm

前身片
（1片）

（4）

125 cm

70 cm

縫製順序

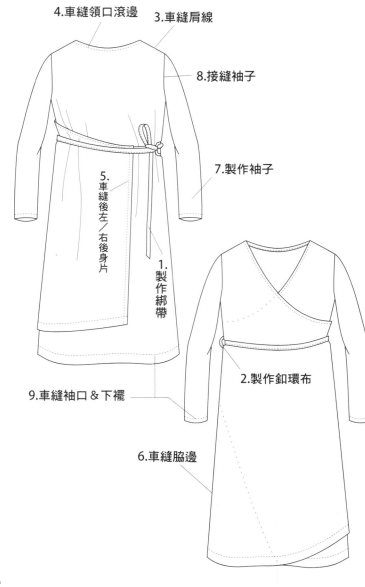

4.車縫領口滾邊
3.車縫肩線
8.接縫袖子
7.製作袖子
5.車縫後左／右後身片
1.製作綁帶
2.製作釦環布
9.車縫袖口＆下襬
6.車縫脇邊

※此款使用布料正面畫紙型。
※（ ）中的數字為縫份。
　除指定處之外，縫份皆為1cm。

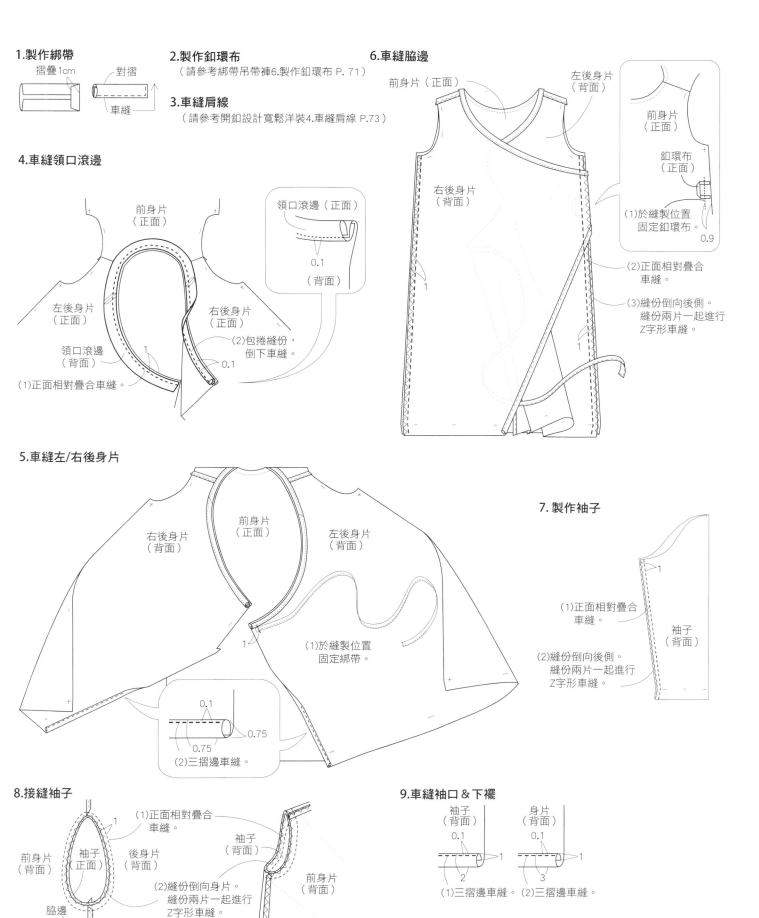

1.製作綁帶

摺疊1cm　　對摺　　車縫

2.製作鈕環布

（請參考綁帶吊帶褲6.製作鈕環布 P. 71）

3.車縫肩線

（請參考開鈕設計寬鬆洋裝4.車縫肩線 P.73）

4.車縫領口滾邊

前身片（正面）

領口滾邊（正面）

0.1

（背面）

左後身片（正面）

右後身片（正面）

領口滾邊（背面）

1

（2）包捲縫份，倒下車縫。

0.1

（1）正面相對疊合車縫。

6.車縫脇邊

前身片（正面）　　　　　左後身片（背面）

右後身片（背面）

1

1

前身片（正面）

鈕環布（正面）

（1）於縫製位置固定鈕環布。

0.9

（2）正面相對疊合車縫。

（3）縫份倒向後側。縫份兩片一起進行Z字形車縫。

5.車縫左/右後身片

右後身片（背面）　　前身片（正面）　　左後身片（背面）

1

（1）於縫製位置固定綁帶。

0.1

0.75

0.75

（2）三摺邊車縫。

7. 製作袖子

1

袖子（背面）

（1）正面相對疊合車縫。

（2）縫份倒向後側。縫份兩片一起進行Z字形車縫。

8.接縫袖子

（1）正面相對疊合車縫。

1

前身片（背面）　　袖子（正面）　　後身片（背面）

脇邊

袖子（背面）

前身片（背面）

（2）縫份倒向身片。縫份兩片一起進行Z字形車縫。

9.車縫袖口＆下襬

袖子（背面）　　　身片（背面）

0.1　　　　　　0.1

1　　　　　　　1

2　　　　　　　3

（1）三摺邊車縫。　（2）三摺邊車縫。

Halter
top

圓襬綁帶背心　P.40

■ **完成尺寸**（Free Size）

衣長58cm
胸圍112cm

■ **材料**

中亞麻布（淺芋色）………　寬140×80cm

■ **原寸紙型 E 面【 20 】**

1.前身片
2.後身片
3.前貼邊
4.後貼邊
5.領口綁帶
6.袖口滾邊

裁布圖

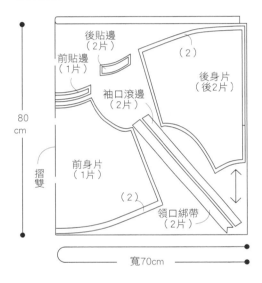

80
cm

摺雙

後貼邊
（2片）

前貼邊
（1片）

（2）

袖口滾邊
（2片）

後身片
（後2片）

前身片
（1片）

（2）

領口綁帶
（2片）

寬70cm

※（　）中的數字為縫份。
　除指定處之外，縫份皆為1cm。

1.製作領口綁帶

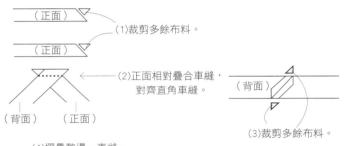

（正面）

（正面）

(1)裁剪多餘布料。

(2)正面相對疊合車縫，
　對齊直角車縫。

（背面）　（正面）

（背面）

(3)裁剪多餘布料。

(4)摺疊整燙，車縫。

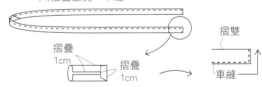

摺疊
1cm

摺疊
1cm

摺雙

車縫

縫製順序

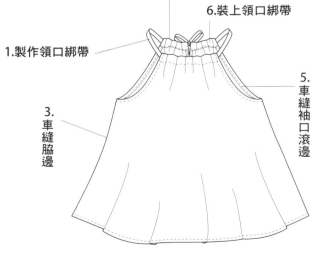

4.製作領口貼邊

6.裝上領口綁帶

1.製作領口綁帶

3.車縫脇邊

5.車縫袖口滾邊

2.後身片中心接縫

7.車縫下襬

2.後身片中心接縫

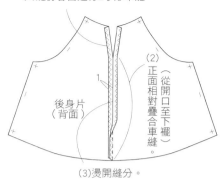

(1)縫份各自進行Z字形車縫。

(2)（正面相對疊合車縫。從開口至下襬）

後身片（背面）

1

(3)燙開縫分。

4.製作領口貼邊

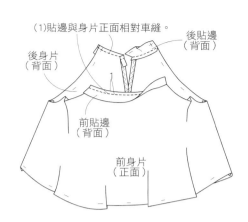

(1)貼邊與身片正面相對車縫。

後身片（背面）

後貼邊（背面）

前貼邊（背面）

前身片（正面）

1

貼邊（正面）

0.1

身片（正面）

(2)縫份倒向貼邊側車縫。

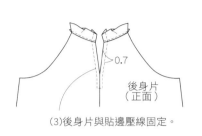

0.7

後身片（正面）

(3)後身片與貼邊壓線固定。

3.車縫脇邊

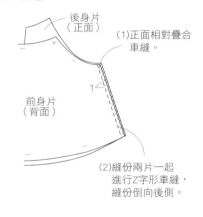

後身片（正面）

前身片（背面）

1

(1)正面相對疊合車縫。

(2)縫份兩片一起進行Z字形車縫，縫份倒向後側。

5.車縫袖口滾邊

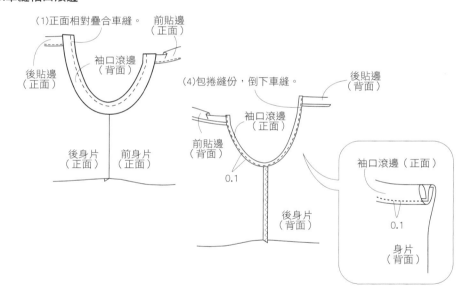

(1)正面相對疊合車縫。

前貼邊（正面）

後貼邊（正面）

袖口滾邊（背面）

後身片（正面）

前身片（正面）

(4)包捲縫份，倒下車縫。

後貼邊（背面）

袖口滾邊（正面）

前貼邊（背面）

0.1

後身片（背面）

袖口滾邊（正面）

0.1

身片（背面）

6.裝上領口綁帶

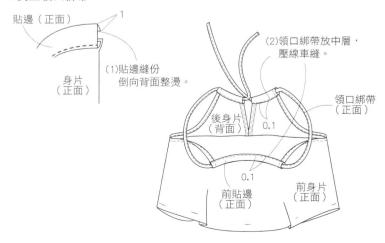

貼邊（正面）

1

身片（正面）

(1)貼邊縫份倒向背面整燙。

(2)領口綁帶放中層，壓線車縫。

後身片（背面）

0.1

領口綁帶（正面）

0.1

前貼邊（正面）

前身片（正面）

7.車縫下襬

身片（背面）

0.1

1

(1)三摺邊車縫。

(2)手綁蝴蝶結。

寬鬆抽繩洋裝 P.12

Drawstring dress

■ 完成尺寸（Free Size）
衣長115cm
衣寬128cm

■ 材料
亞麻布（酒紅色）⋯⋯寬140×240cm
黏著襯（黑色）⋯⋯⋯寬60×26cm

■ 原寸紙型A面【3】
1.前身片
2.後身片
3.前腰片
4.後腰片
5.口袋
6.腰帶
7.前貼邊
8.後貼邊

裁布圖

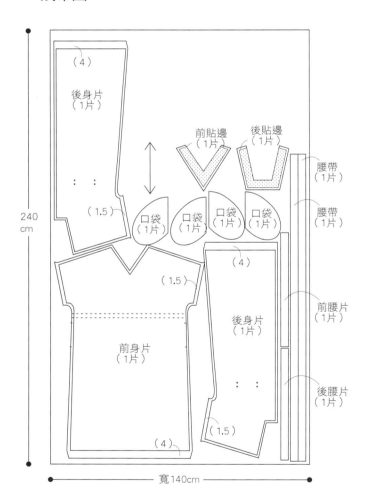

240 cm

寬140cm

（4）
後身片（1片）

前貼邊（1片）　後貼邊（1片）

腰帶（1片）
腰帶（1片）

（1.5）

口袋（1片）　口袋（1片）　口袋（1片）　口袋（1片）

（4）

（1.5）
前身片（1片）

後身片（1片）

前腰片（1片）

後腰片（1片）

（4）

（1.5）

※（　）中的數字為縫份。
　除指定處之外，縫份皆為1cm。
※在▨▨的背面貼上黏著襯。

縫製順序

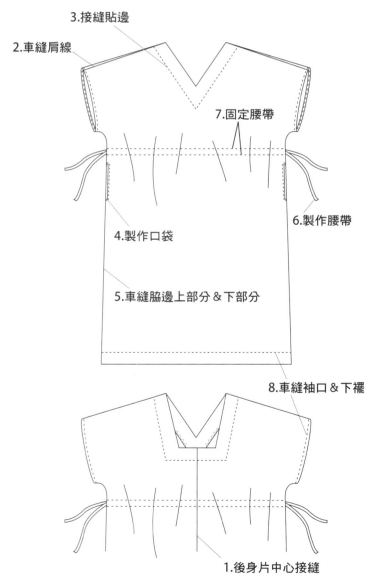

3.接縫貼邊

2.車縫肩線

7.固定腰帶

4.製作口袋

6.製作腰帶

5.車縫脇邊上部分＆下部分

8.車縫袖口＆下襬

1.後身片中心接縫

1.後身片中心接縫

2.車縫肩線（請參考圓領上衣2.車縫肩線 P.65）

3.接縫貼邊

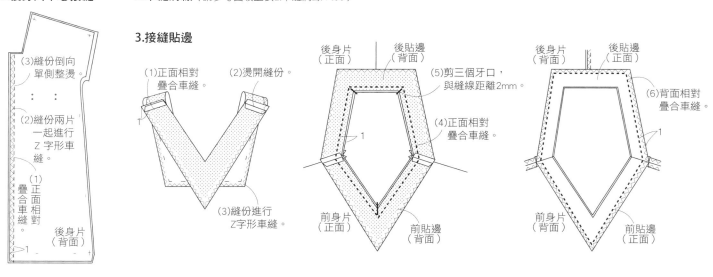

（3）縫份倒向單側整燙。

（2）縫份兩片一起進行Z字形車縫。

（1）疊合正面相對車縫。

後身片（背面）

（1）正面相對疊合車縫。

（2）燙開縫份。

（3）縫份進行Z字形車縫。

後身片（正面）

後貼邊（背面）

（5）剪三個牙口，與縫線距離2mm。

（4）正面相對疊合車縫。

前身片（正面）

前貼邊（背面）

後身片（背面）

後貼邊（正面）

（6）背面相對疊合車縫。

前身片（背面）

前貼邊（正面）

4.製作隱形口袋

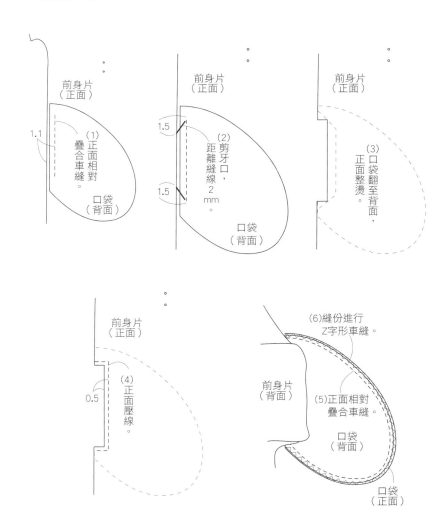

前身片（正面）

1.1

（1）疊合正面相對車縫。

口袋（背面）

前身片（正面）

1.5

1.5

（2）剪牙口，距離縫線2mm。

口袋（背面）

前身片（正面）

（3）口袋翻至背面，正面整燙。

前身片（正面）

0.5

（4）正面壓線。

前身片（正面）

（6）縫份進行Z字形車縫。

前身片（背面）

（5）正面相對疊合車縫。

口袋（背面）

口袋（正面）

5.車縫脇邊上部分＆下部分

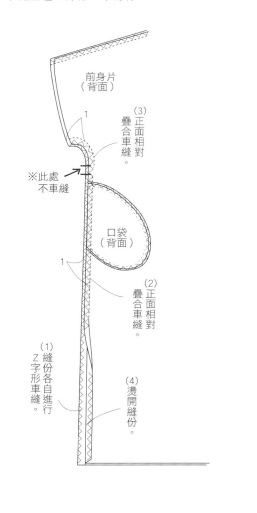

前身片（背面）

（3）正面相對疊合車縫。

※此處不車縫

口袋（背面）

（2）正面相對疊合車縫。

（1）縫份各自進行Z字形車縫。

（4）燙開縫份。

6.製作腰帶 （請參考圓襬綁帶背心1.製作領口綁帶(4) P.80）

7.固定腰帶

(1)縫份倒向背面整燙（四邊）。

1

前腰帶片/後腰帶片
（正面）

1

(2)車縫固定。

0.1

前腰帶片/後腰帶片
（正面）

0.1

(3)兩條腰帶準備擺放方式。

腰帶B
（正面）

脇邊

脇邊

腰帶A
（正面）

後身片
（正面）

前身片
（正面）

(4)兩條腰帶
穿進脇邊兩側洞口。

前身片
（正面）

後身片
（正面）

腰帶A
（正面）

腰帶B
（正面）

腰帶A
（正面）

脇邊

腰帶B
（正面）

腰帶A
（正面）

腰帶B
（正面）

脇邊

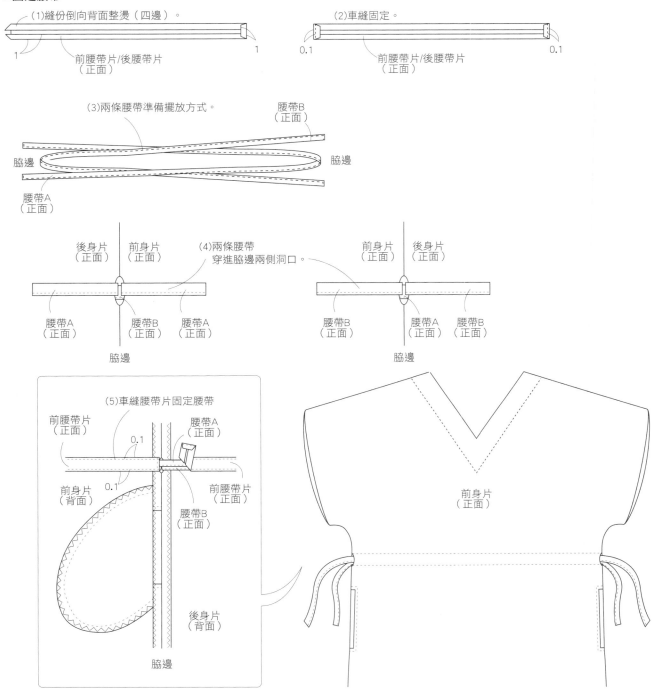

(5)車縫腰帶片固定腰帶

前腰帶片
（正面）

腰帶A
（正面）

0.1

前身片
（背面）

0.1

前腰帶片
（正面）

腰帶B
（正面）

後身片
（背面）

脇邊

前身片
（正面）

8.車縫袖口＆下襬

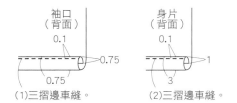

袖口
（背面）

0.1

0.75

0.75

(1)三摺邊車縫。

身片
（背面）

0.1

1

3

(2)三摺邊車縫。

手工褶飾圓襬洋裝 P.10

■ 完成尺寸（Free Size）

衣長110cm
胸圍104cm

■ 材料

中亞麻布（透雪白）·········· 寬140×230cm

■ 原寸紙型 A 面 【 2 】

1. 前身片
2. 後身片
3. 後剪接
4. 領口滾邊（斜紋布條）

Pin tuck dress

裁布圖

縫製順序

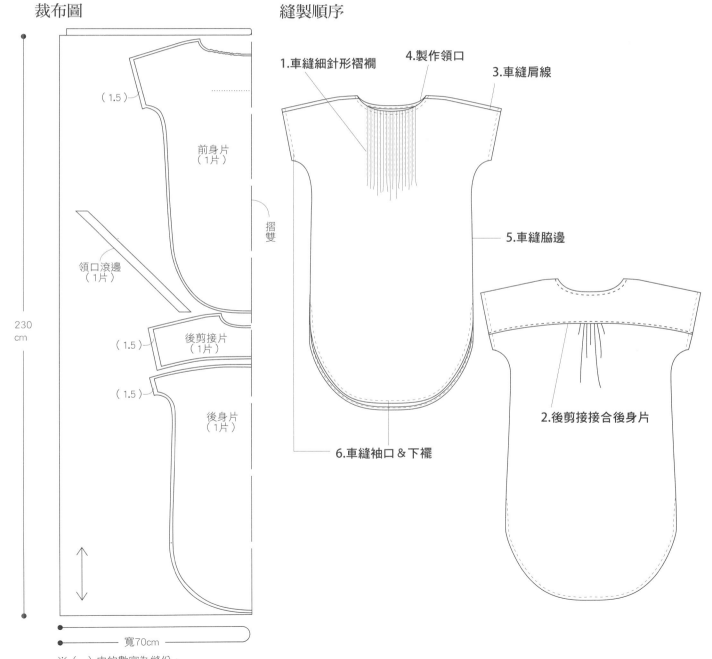

（裁布圖）

（1.5）

前身片
（1片）

摺雙

領口滾邊
（1片）

230
cm

（1.5）

後剪接片
（1片）

（1.5）

後身片
（1片）

寬70cm

縫製順序圖

1.車縫細針形褶襉

4.製作領口

3.車縫肩線

5.車縫脇邊

2.後剪接接合後身片

6.車縫袖口＆下襬

※（ ）中的數字為縫份。
除指定處之外，縫份皆為1cm。

85

1.車縫細針形褶襉

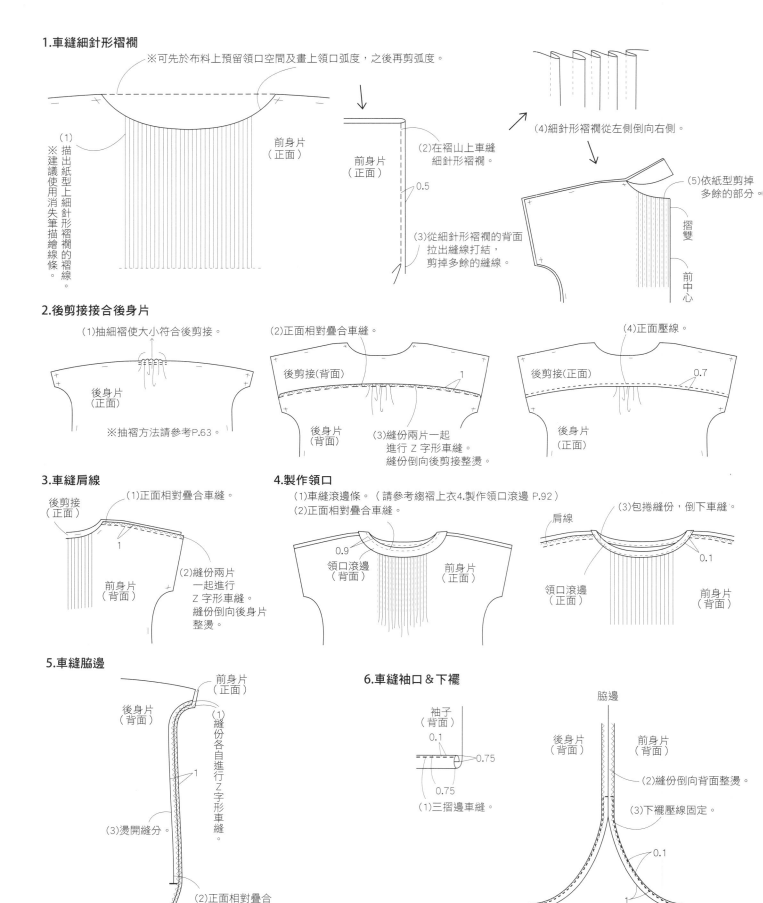

※可先於布料上預留領口空間及畫上領口弧度，之後再剪弧度。

(1)描出紙型上細針形褶襉的褶線。

※建議使用消失筆描繪線條。

前身片（正面）

(2)在褶山上車縫細針形褶襉。

前身片（正面）

0.5

(3)從細針形褶襉的背面拉出縫線打結，剪掉多餘的縫線。

(4)細針形褶襉從左側倒向右側。

(5)依紙型剪掉多餘的部分。

摺雙

前中心

2.後剪接接合後身片

(1)抽細褶使大小符合後剪接。

後身片（正面）

※抽褶方法請參考P.63。

(2)正面相對疊合車縫。

後剪接(背面)

1

後身片（背面）

(3)縫份兩片一起進行Z字形車縫。縫份倒向後剪接整燙。

(4)正面壓線。

後剪接(正面)

0.7

後身片（正面）

3.車縫肩線

後剪接（正面）

(1)正面相對疊合車縫。

1

前身片（背面）

(2)縫份兩片一起進行Z字形車縫。縫份倒向後身片整燙。

4.製作領口

(1)車縫滾邊條。（請參考縐褶上衣4.製作領口滾邊 P.92）
(2)正面相對疊合車縫。

0.9

領口滾邊（背面）

前身片（正面）

肩線

(3)包捲縫份，倒下車縫。

0.1

領口滾邊（正面）

前身片（背面）

5.車縫脇邊

前身片（正面）

後身片（背面）

(1)縫份各自進行Z字形車縫。

1

(3)燙開縫分。

(2)正面相對疊合車縫至標記處。

6.車縫袖口＆下襬

袖子（背面）

0.1

0.75

0.75

(1)三摺邊車縫。

脇邊

後身片（背面）

前身片（背面）

(2)縫份倒向背面整燙。

(3)下襬壓線固定。

0.1

1

方領口袋洋裝 P.44

■ 完成尺寸（Free Size）

衣長120 cm
胸寬98 cm
臀寬112 cm

■ 材料

薄棉麻（薰衣草紫）·········· 寬145×230cm
黏著襯（白色）·················· 寬30×3cm

■ 原寸紙型 F 面【23 】

1.前身片　　　8.小貼袋
2.前剪接片　　9.小袋蓋
3.前貼邊　　　10.大貼袋
4.後身片　　　11.大袋蓋
5.後剪接片　　12.腰帶
6.後貼邊　　　13.固定腰帶片
7.袖子

裁布圖

後剪接片（1片）
前剪接片（1片）
前貼邊（1片）
腰帶（1片）
後貼邊（1片）
大袋蓋（2片）
小袋蓋（2片）
前身片（1片）
（4）
袖子（2片）
（3）
後身片（1片）
摺雙
（3）
大貼袋（2片）
固定腰帶片（2片）
小貼袋（2片）
（3）
（4）
230 cm
寬72.5cm

縫製順序

2.車縫肩線
3.接縫貼邊
4.車縫前剪接片
6.接縫袖子
5.車縫後剪接片
8.車縫袖口 & 下襬
7.車縫袖下至脇邊
1.製作貼袋 & 袋蓋 & 腰帶

準備

前貼邊 / 後貼邊 / 小袋蓋 / 大袋蓋
的背面貼上黏著襯。

前貼邊（1片）
後貼邊（1片）
小袋蓋（2片）
大袋蓋（2片）

※（ ）中的數字為縫份。
　除指定處之外，縫份皆為1cm。
※在▨▨▨的背面貼上黏著襯。

1.製作貼袋＆袋蓋＆腰帶

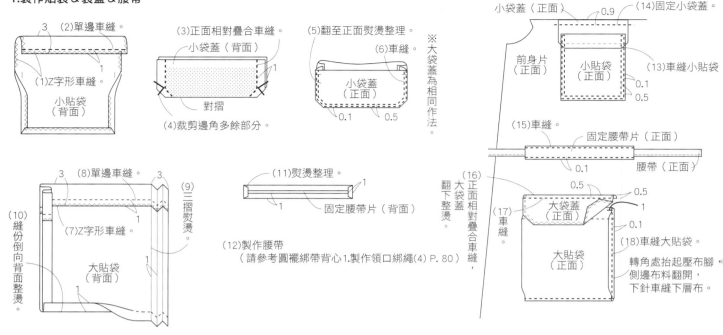

3　(2)單邊車縫。

(1)Z字形車縫。

小貼袋（背面）

(3)正面相對疊合車縫。

小袋蓋（背面）

對摺

(4)裁剪邊角多餘部分。

(5)翻至正面熨燙整理。

(6)車縫。

小袋蓋（正面）

0.1　0.5

※大袋蓋為相同作法。

小袋蓋（正面）

0.9

(14)固定小袋蓋。

前身片（正面）

小貼袋（正面）

(13)車縫小貼袋

0.1

0.5

3　(8)單邊車縫。　3

(9)三摺熨燙

(7)Z字形車縫。

(10)縫份倒向背面整燙。

大貼袋（背面）

(11)熨燙整理。

1

1

固定腰帶片（背面）

(12)製作腰帶
（請參考圓襬綁帶背心1.製作領口綁繩(4) P.80）

(15)車縫。

固定腰帶片（正面）

0.1

腰帶（正面）

(16)正面相對疊合車縫，大袋蓋翻下整燙。

0.5

大袋蓋（正面）

0.5

1

0.1

(17)車縫。

大貼袋（正面）

(18)車縫大貼袋
轉角處抬起壓布腳，側邊布料翻開，下針車縫下層布。

2.車縫肩線 （請參考手工褶飾圓襬洋裝3.車縫肩線 P.86）

3.接縫貼邊

(1)正面相對疊合車縫。

後貼邊（背面）

前貼邊（正面）

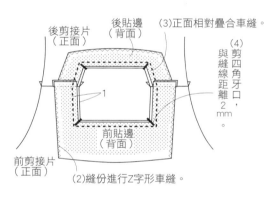

後剪接片（正面）

後貼邊（背面）

(3)正面相對疊合車縫。

(4)與縫線距離2mm剪四角牙口。

前貼邊（背面）

前剪接片（正面）

(2)縫份進行Z字形車縫。

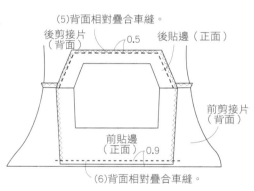

(5)背面相對疊合車縫。

後剪接片（背面）

0.5

後貼邊（正面）

前貼邊（正面）

0.9

前剪接片（背面）

(6)背面相對疊合車縫。

4.車縫前剪接片

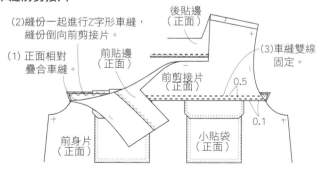

(2)縫份一起進行Z字形車縫，縫份倒向前剪接片。

(1)正面相對疊合車縫。

前貼邊（正面）

後貼邊（正面）

(3)車縫雙線固定。

前剪接片（正面）

0.5

前身片（正面）

小貼袋（正面）

0.1

5.車縫後剪接片

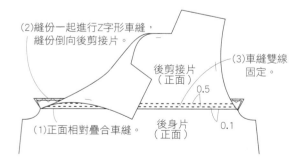

(2)縫份一起進行Z字形車縫，縫份倒向後剪接片。

(3)車縫雙線固定。

後剪接片（正面）

0.5

(1)正面相對疊合車縫。

後身片（正面）

0.1

6.接縫袖子 （請參考圓領上衣5.接縫袖子 P.65）

7.車縫袖下至脇邊 （請參考圓領上衣6.車縫袖下至脇邊 P.65）

8.車縫袖口＆下襬

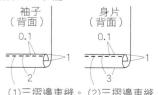

袖子（背面）

0.1

1

2

(1)三摺邊車縫。

身片（背面）

0.1

1

3

(2)三摺邊車縫。

88

Circular skirt

縐褶鬆緊圓裙 P.39

■ 完成尺寸（Free Size）
腰圍69至99cm （27至39吋）
裙長82cm

■ 材料
棉麻布（灰藍綠）‥‥寬140×210 cm
黏著襯（白色）‥‥‥寬9×36.5 cm
鬆緊帶（1吋）‥‥‥‥34.5cm（腰圍一半）

■ 原寸紙型 E 面【 19 】
1.裙片
2.前腰頭
3.後腰頭
4.口袋（A面）

裁布圖

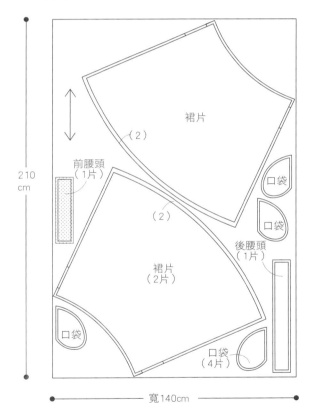

寬140cm

210 cm

裙片
（2）

前腰頭
（1片）

口袋

（2）

口袋

後腰頭
（1片）

裙片
（2片）

口袋

口袋
（4片）

※（ ）中的數字為縫份。
　除指定處之外，縫份皆為1cm。
※在 ▨ 的背面貼上黏著襯。

準備

前腰頭背面貼上黏著襯。

前腰頭（1片）

縫製順序

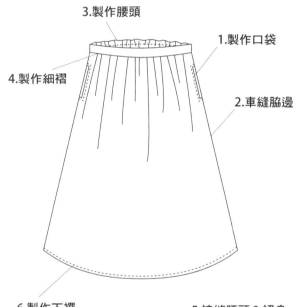

3.製作腰頭

1.製作口袋

4.製作細褶

2.車縫脇邊

6.製作下襬

5.接縫腰頭＆裙身

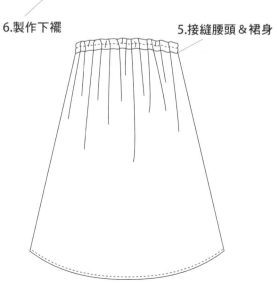

1.製作口袋
（ 請參考寬鬆抽繩洋裝4.製作隱形口袋 P.83 ）

2.車縫脇邊

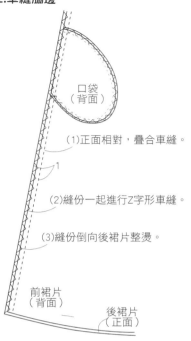

（1）正面相對，疊合車縫。

1

（2）縫份一起進行Z字形車縫。

（3）縫份倒向後裙片整燙。

口袋
（背面）

前裙片
（背面）

後裙片
（正面）

3.製作腰頭
（ 請參考大圓褲裙6.製作腰頭 P.67 ）

4.製作細褶

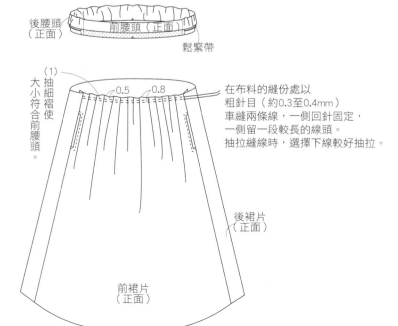

後腰頭
（正面）

前腰頭（正面）

鬆緊帶

（1）抽細褶使大小符合前腰頭。

0.5   0.8

在布料的縫份處以
粗針目（約0.3至0.4mm）
車縫兩條線，一側回針固定，
一側留一段較長的線頭。
抽拉縫線時，選擇下線較好抽拉。

前裙片
（正面）

後裙片
（正面）

5.接縫腰頭＆裙身

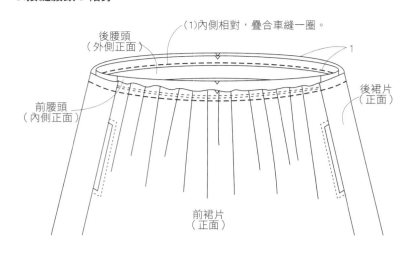

（1）內側相對，疊合車縫一圈。

後腰頭
（外側正面）

1

前腰頭
（內側正面）

後裙片
（正面）

前裙片
（正面）

（3）正面車縫壓線於腰頭上一圈，
　　順序為：脇邊-前中心-脇邊-後中心-脇邊
　　（不壓鬆緊帶）。

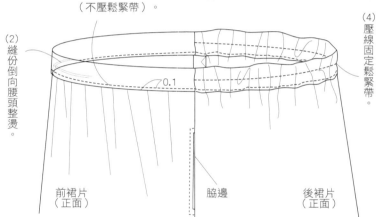

（2）縫份倒向腰頭整燙。

0.1

（4）壓線固定鬆緊帶。

前裙片
（正面）

脇邊

後裙片
（正面）

6.製作下襬

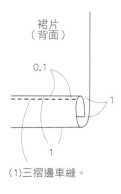

裙片
（背面）

0.1

1

1

（1）三摺邊車縫。

Gathered blouse

縐褶上衣　P.48

■ 完成尺寸（Free Size）

衣長　55cm

胸圍　100cm

■ 材料

水洗棉（天空藍）⋯⋯寬150 x 120 cm

■ 原寸紙型 F 面【 25 】

1.前身片

2.前剪接片

3.前脇邊片

4.後身片

5.袖子（C面）

6.領口滾邊

裁布圖

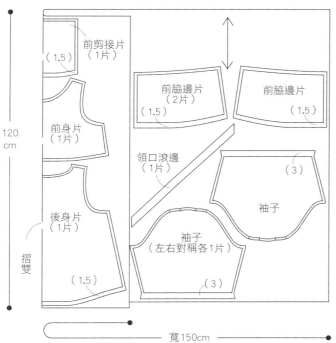

前剪接片（1片）（1.5）

前脇邊片（2片）（1.5）

前脇邊片（1.5）

前身片（1片）

領口滾邊（1片）

（3）

袖子

後身片（1片）

袖子（左右對稱各1片）

120cm

摺雙

（1.5）

（3）

寬150cm

※（ ）中的數字為縫份。
　除指定處之外，縫份皆為1cm。

縫製順序

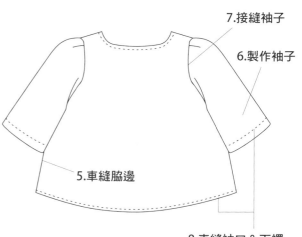

3.車縫肩線

4.製作領口滾邊

2.接縫前身片和剪接片

1.接縫前剪接片和脇邊片

7.接縫袖子

6.製作袖子

5.車縫脇邊

8.車縫袖口&下襬

1.接縫前剪接片和脇邊片

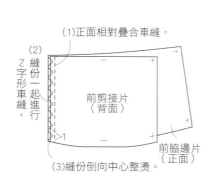

(1)正面相對疊合車縫。

(2)縫份一起進行Z字形車縫。

前剪接片
（背面）

前脇邊片
（正面）

(3)縫份倒向中心整燙。

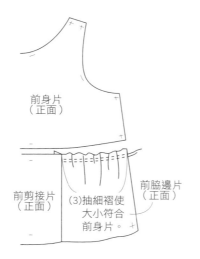

前身片
（正面）

前剪接片
（正面）

(3)抽細褶使大小符合前身片

前脇邊片
（正面）

2.接縫前身片和剪接片

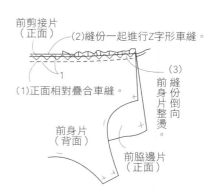

前剪接片
（正面）

(2)縫份一起進行Z字形車縫。

(1)正面相對疊合車縫。

(3)縫份倒向前身片整燙。

前身片
（背面）

前脇邊片
（正面）

3.車縫肩線

（ 請參考手工褶飾圓襬洋裝3.車縫肩線 P.86 ）

4.製作領口滾邊

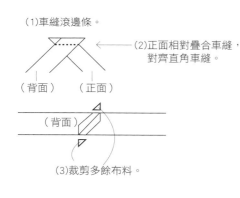

(1)車縫滾邊條。

（背面）　（正面）

(2)正面相對疊合車縫，對齊直角車縫。

（背面）

(3)裁剪多餘布料。

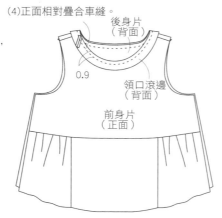

(4)正面相對疊合車縫。

後身片
（背面）

0.9

領口滾邊
（背面）

前身片
（正面）

(5)包捲縫份，倒下車縫。

後身片（正面）

0.1

領口滾邊
（正面）

前身片
（背面）

5.車縫脇邊

（請參考圓襬綁帶背心3.車縫脇邊 P.81）

6.製作袖子

（請參考露背綁帶五分袖上衣5.製作袖子 P.94）

7.接縫袖子

（請參考一片繫帶連身洋裝8.接縫袖子 P.79）

8.車縫袖口＆下襬

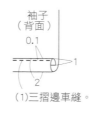

袖子
（背面）

0.1

1

2

(1)三摺邊車縫。

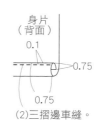

身片
（背面）

0.1

0.75

0.75

(2)三摺邊車縫。

露背綁帶五分袖上衣 P.23

■ 完成尺寸（Free Size）

衣長56cm

衣寬98cm

■ 材料

亞麻布（暗粉色）‧‧‧‧‧寬140×100 cm

鬆緊帶（淺色1cm）‧‧‧‧‧70cm（腰圍＋2cm）

■ 原寸紙型 C 面【 9 】

1.前身片

2.後身片

3.袖子

4.領口滾邊

5.綁帶

裁布圖

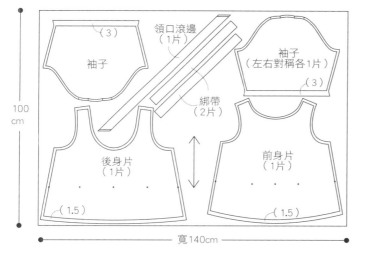

100
cm

寬140cm

※（ ）中的數字為縫份。

　除指定處之外，縫份皆為1cm。

※畫上‧記號為鬆緊帶車縫位置。

縫製順序

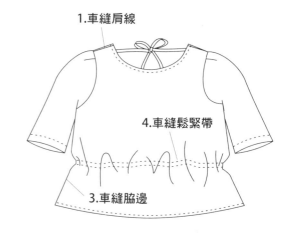

1.車縫肩線

4.車縫鬆緊帶

3.車縫脇邊

6.接縫袖子

5.製作袖子

2.製作領口與綁帶

7.車縫袖口＆下襬

1.車縫肩線 （請參考手工褶飾圓襬洋裝3.車縫肩線 P.86）

2.製作領口與綁帶

(1)摺疊整燙，車縫。

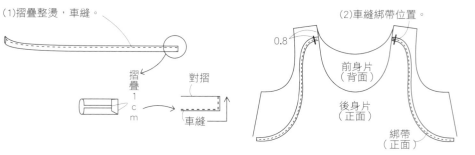

摺疊
對摺
摺疊1cm
車縫

(2)車縫綁帶位置。

0.8
前身片（背面）
後身片（正面）
綁帶（正面）

(3)車縫領口滾邊
（請參考縐褶上衣4.製作領口滾邊 P.92）

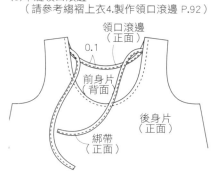

領口滾邊（正面）
0.1
前身片（背面）
後身片（正面）
綁帶（正面）

3.車縫脇邊 （請參考圓襬綁帶背心3.車縫脇邊 P.81）

4.車縫鬆緊帶

(1)重疊車縫。

1

(2)身片和鬆緊帶作上合印記號。

前中心
脇邊
脇邊
後中心

前身片（背面）
脇邊
前中心
脇邊

(3)對齊合印記號，拉著鬆緊帶車縫
（鬆緊帶拉到最緊，不要有多餘部分，避免縫份收縮）。

前身片（背面）

5.製作袖子

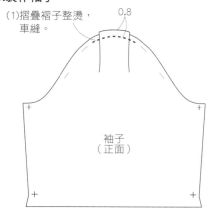

(1)摺疊褶子整燙，車縫。

0.8

袖子（正面）

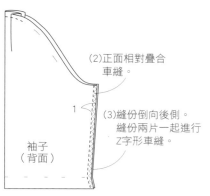

(2)正面相對疊合車縫。

1

(3)縫份倒向後側。縫兩片一起進行Z字形車縫。

袖子（背面）

6.接縫袖子

（請參考一片繫帶連身洋裝8.接縫袖子 P.79）

7.車縫袖口＆下襬

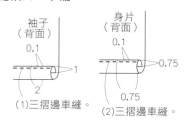

袖子（背面）
0.1
1
2
(1)三摺邊車縫。

身片（背面）
0.1
0.75
0.75
0.75
(2)三摺邊車縫。

Harem pants

鬆緊褲管八分褲　P.49

■ 完成尺寸（Free Size）
腰圍73.5至101.5cm（27吋至40吋）
褲長83cm

■ 材料
亞麻布（藏青色）⋯⋯寬140×195cm
鬆緊帶（一吋）⋯⋯70 cm（腰圍＋2cm）×1條
鬆緊帶（一吋）⋯⋯41 cm（褲管＋1cm）×2條

■ 原寸紙型F面【26】
1.前褲管
2.後褲管
3.口袋（A面）

裁布圖

口袋
（4片）

（6）

前褲管
（2片）

口袋

（6）

195
cm

摺雙

（6）

後褲管
（2片）

（6）

寬70cm

※（　）中的數字為縫份。
　　除指定處之外，縫份皆為1cm。

縫製順序

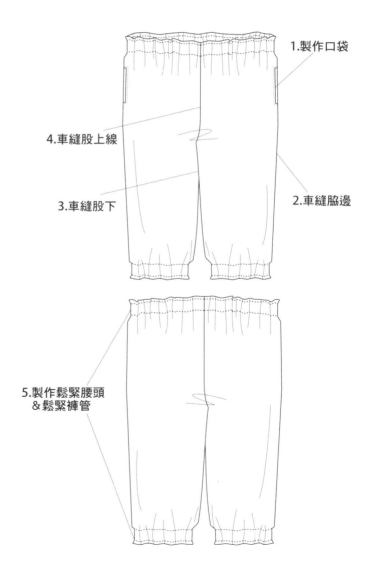

1.製作口袋

4.車縫股上線

2.車縫脇邊

3.車縫股下

5.製作鬆緊腰頭
　＆鬆緊褲管

1.製作口袋

（請參考寬鬆抽繩洋裝4.製作隱形口袋 P.83）

2.車縫脇邊

（請參考縐褶鬆緊圓裙2.車縫脇邊 P.90）

3.車縫股下

（請參考綁帶吊帶褲4.車縫股下 P.71）

4.車縫股上線

（請參考綁帶吊帶褲5.車縫股上線 P.71）

5.製作鬆緊腰頭&褲管

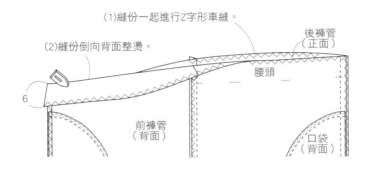

(1)縫份一起進行Z字形車縫。

(2)縫份倒向背面整燙。

後褲管（正面）

腰頭

前褲管（背面）

口袋（背面）

6

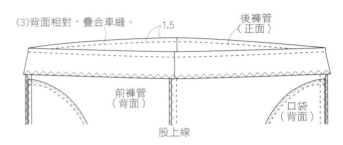

(3)背面相對，疊合車縫。

1.5

後褲管（正面）

前褲管（背面）

口袋（背面）

股上線

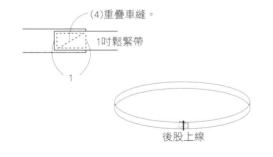

(4)重疊車縫。

1吋鬆緊帶

1

後股上線

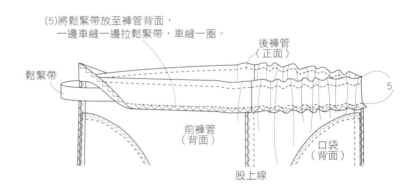

(5)將鬆緊帶放至褲管背面，
一邊車縫一邊拉鬆緊帶，車縫一圈。

鬆緊帶

後褲管（正面）

前褲管（背面）

口袋（背面）

股上線

5

(6)鬆緊褲管2個，同鬆緊腰頭作法。

Cardigan dress

蓬袖開釦洋裝 P.32

■ 完成尺寸（Free Size）

衣長120 cm
胸圍140 cm

■ 材料

亞麻布（透雪白）⋯⋯寬140×260cm
黏著襯（白色）⋯⋯⋯寬45×115cm
直徑1.2cm釦子⋯⋯⋯10 顆
鬆緊帶（1cm）⋯⋯⋯24cm×2條

■ 原寸紙型 D 面【 13 】

1.前身片
2.後身片
3.後剪接片
4.袖子
5.領子
6.口袋（A面）

裁布圖

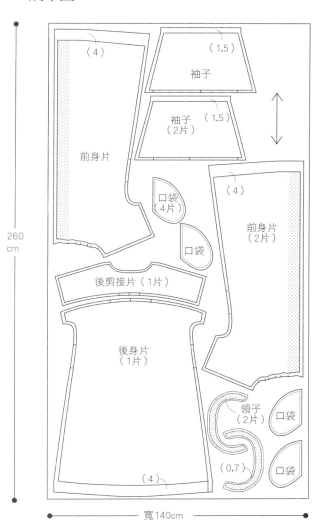

※（ ）中的數字為縫份。
　除指定處之外，縫份皆為1cm。
※在 ░░ 的背面貼上黏著襯。

縫製順序

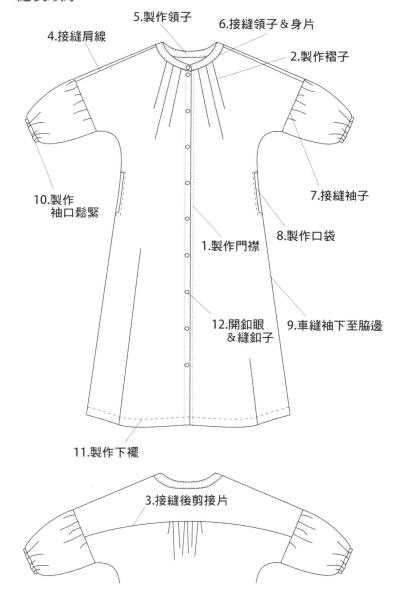

4.接縫肩線
5.製作領子
6.接縫領子＆身片
2.製作褶子
7.接縫袖子
8.製作口袋
9.車縫袖下至脇邊
10.製作袖口鬆緊
1.製作門襟
12.開釦眼＆縫釦子
11.製作下襬
3.接縫後剪接片

1.製作門襟

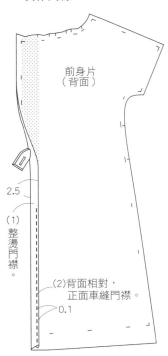

前身片
（背面）

2.5

(1)
整燙門襟。

(2)背面相對，
正面車縫門襟。

0.1

2.製作褶子

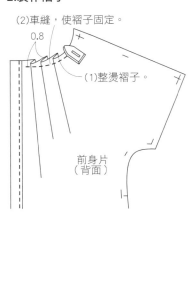

(2)車縫，使褶子固定。

0.8

(1)整燙褶子。

前身片
（背面）

3.接縫後剪接片

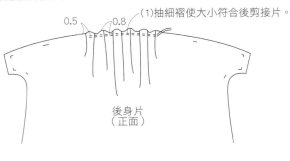

0.5　0.8

(1)抽細褶使大小符合後剪接片。

後身片
（正面）

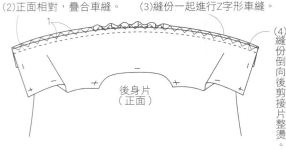

(2)正面相對，疊合車縫。　(3)縫份一起進行Z字形車縫。

1

後身片
（正面）

(4)縫份倒向後剪接片整燙。

4.接縫肩線 （請參考手工褶飾圓襬洋裝3.車縫肩線 P.86）

5.製作領子

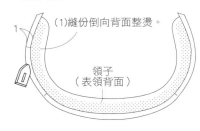

1

(1)縫份倒向背面整燙。

領子
（表領背面）

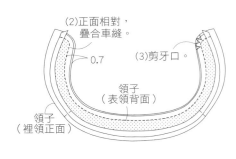

(2)正面相對，
疊合車縫。

0.7

(3)剪牙口。

領子
（表領背面）

領子
（裡領正面）

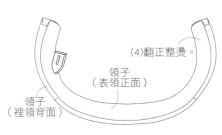

(4)翻正整燙。

領子
（表領正面）

領子
（裡領背面）

6.接縫領子＆身片

(1)身片領圍內側重疊裡領，疊合車縫，避開表領。

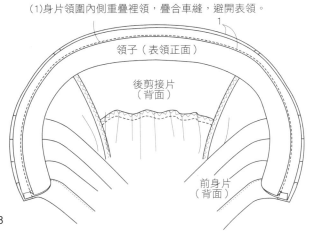

1

領子（表領正面）

後剪接片
（背面）

前身片
（背面）

(2)領子翻至正面熨燙整理。
包夾縫份車縫一圈。

0.1

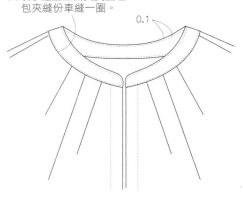

7.接縫袖子

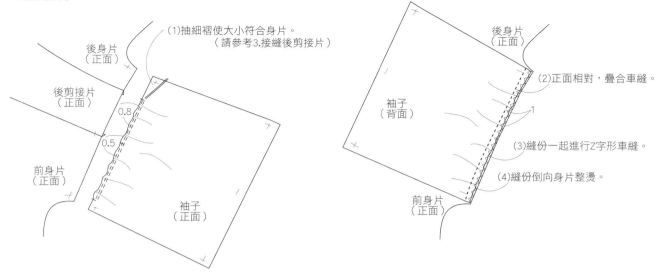

(1)抽細褶使大小符合身片。
（請參考3.接縫後剪接片）

後身片
（正面）

後剪接片
（正面）

0.8

0.5

前身片
（正面）

袖子
（正面）

後身片
（正面）

(2)正面相對，疊合車縫。

袖子
（背面）

1

(3)縫份一起進行Z字形車縫。

(4)縫份倒向身片整燙。

前身片
（正面）

8.製作口袋 （請參考寬鬆抽繩洋裝4.製作隱形口袋 P.83）

9.車縫袖下至脇邊 （請參考圓領上衣6.車縫袖下至脇邊 P.65）

10.製作袖口鬆緊

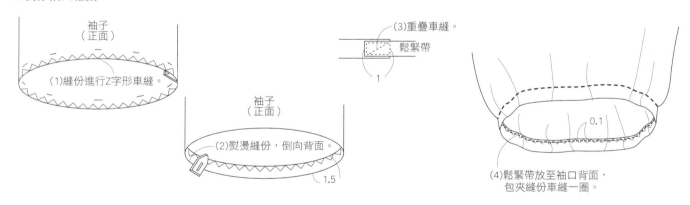

袖子
（正面）

(1)縫份進行Z字形車縫。

(3)重疊車縫。
鬆緊帶

1

袖子
（正面）

(2)熨燙縫份，倒向背面。

1.5

0.1

(4)鬆緊帶放至袖口背面，
包夾縫份車縫一圈。

11.製作下襬

身片
（背面）

0.1

1

3

(1)三摺邊車縫。

12.開釦眼&縫釦子

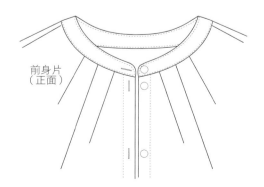

前身片
（正面）

(1)領子和右身片製作釦眼，開釦眼。

(2)領子和左身片縫上釦子。

Barrel sleeves
shirt

圓領蓬蓬袖寬襯衫 P.43

■ 完成尺寸（Free Size）

衣長59 cm
胸圍132 cm

■ 材料

亞麻布（芋頭色）……寬140×120cm
黏著襯（白色）………寬22×50cm
直徑1cm釦子 ………8 顆

■ 原寸紙型 F 面【 22 】

1.前身片
2.後身片
3.領子
4.袖子
5.袖口

裁布圖

縫製順序

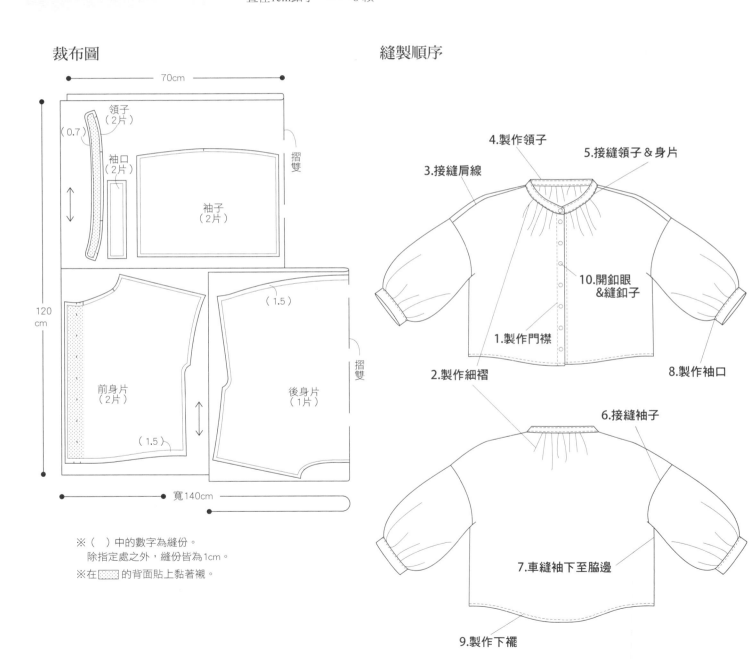

※（ ）中的數字為縫份。
　除指定處之外，縫份皆為1cm。
※在▨▨▨ 的背面貼上黏著襯。

1.製作門襟

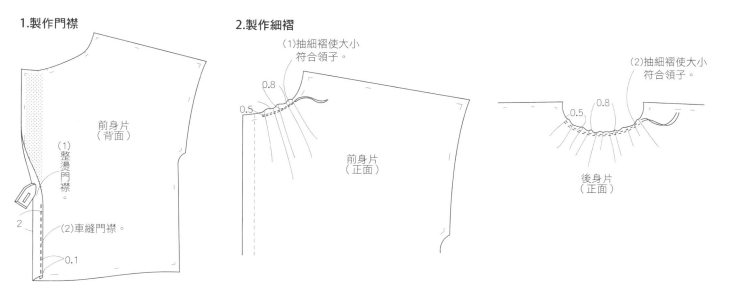

前身片（背面）

（1）整燙門襟。

（2）車縫門襟。

2

0.1

2.製作細褶

（1）抽細褶使大小符合領子。

0.8

0.5

前身片（正面）

（2）抽細褶使大小符合領子。

0.5 0.8

後身片（正面）

3.接縫肩線 （請參考手工褶飾圓襬洋裝3.車縫肩線 P.86）

4.製作領子

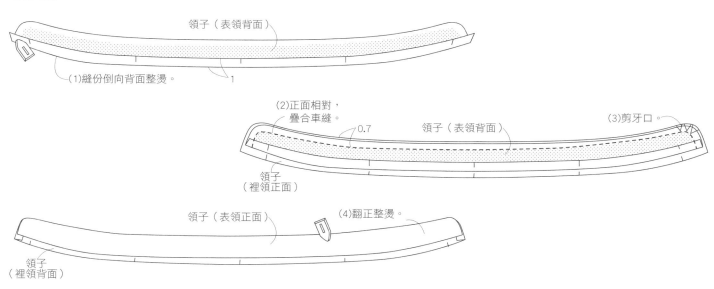

領子（表領背面）

（1）縫份倒向背面整燙。

1

（2）正面相對，疊合車縫。

0.7

領子（表領背面）

（3）剪牙口。

領子（裡領正面）

領子（表領正面）

（4）翻正整燙。

領子（裡領背面）

5.接縫領子＆身片

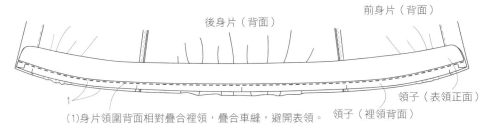

後身片（背面）

前身片（背面）

（2）領子翻至正面熨整燙理。包夾縫份車縫一圈。

0.1

1

（1）身片領圍背面相對疊合裡領，疊合車縫，避開表領。

領子（表領正面）

領子（裡領背面）

6.接縫袖子

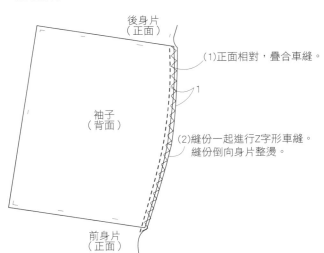

後身片
（正面）

袖子
（背面）

前身片
（正面）

(1)正面相對，疊合車縫。

1

(2)縫份一起進行Z字形車縫。
　縫份倒向身片整燙。

7.車縫袖下至脇邊

（請參考圓領上衣6.車縫袖下至脇邊 P.65）

8.製作袖口

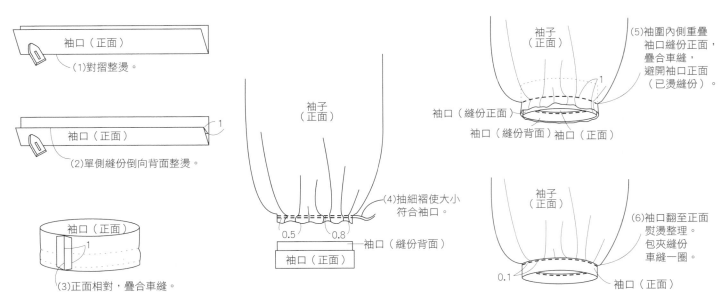

袖口（正面）

(1)對摺整燙。

袖口（正面）

1

(2)單側縫份倒向背面整燙。

袖口（正面）

1

(3)正面相對，疊合車縫。

袖子
（正面）

(4)抽細褶使大小
　符合袖口。

0.5　　0.8

袖口（縫份背面）

袖口（正面）

袖子
（正面）

袖口（縫份正面）

袖口（縫份背面）袖口（正面）

(5)袖圍內側重疊
　袖口縫份正面，
　疊合車縫，
　避開袖口正面
　（已燙縫份）。

1

袖子
（正面）

(6)袖口翻至正面
　熨燙整理。
　包夾縫份
　車縫一圈。

0.1

袖口（正面）

9.製作下襬

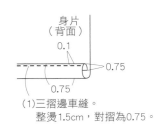

身片
（背面）

0.1

0.75

0.75

(1)三摺邊車縫。
　整燙1.5cm，對摺為0.75。

10.開釦眼&縫釦子

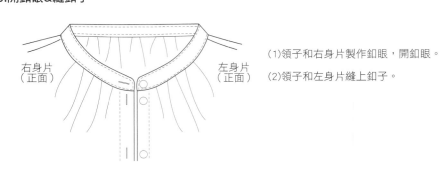

右身片
（正面）

左身片
（正面）

(1)領子和右身片製作釦眼，開釦眼。

(2)領子和左身片縫上釦子。

Irregular dress

不規則方角裙洋裝 P.37

■ 完成尺寸（Free Size）

衣長103至116cm
胸圍94cm

■ 材料

亞麻布（牛仔藍）⋯⋯寬140×270cm
鬆緊帶（1cm）⋯⋯⋯70cm（腰圍＋2cm）

■ 原寸紙型 E 面 【 17 】

1.前身片
2.前側片
3.後身片
4.後側片
5.裙片
6.口袋（A面）
7.荷葉袖片
8.領口滾邊
9.袖口滾邊

裁布圖

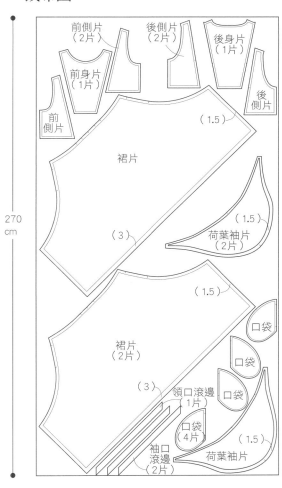

270 cm

寬140cm

※（　）中的數字為縫份。
除指定處之外，縫份皆為1cm。

縫製順序

3.接縫袖子＆前後身片
4.製作領口滾邊
2.接縫肩線
10.製作袖口滾邊
1.製作袖口下襬
11.車縫鬆緊帶
6.接縫身片＆裙片
8.製作口袋
9.車縫脇邊
7.製作下襬
5.製作裙褶

1.製作袖口下襬

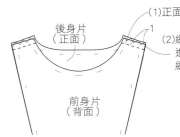

荷葉袖片
（背面）

0.1

0.75

0.75

(1)三摺邊車縫。

2.接縫肩線

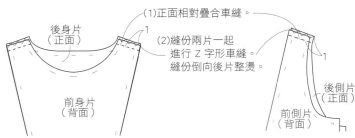

(1)正面相對疊合車縫。

後身片
（正面）

1

(2)縫份兩片一起
進行 Z 字形車縫。
縫份倒向後片整燙。

前身片
（背面）

1

後側片
（正面）

前側片
（背面）

3.接縫袖子＆前後身片

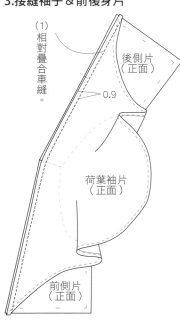

(1)相對疊合車縫。

後側片
（正面）

0.9

荷葉袖片
（正面）

前側片
（正面）

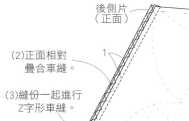

後側片
（正面）

1

(2)正面相對
疊合車縫。

(3)縫份一起進行
Z字形車縫。

(4)縫份倒向
中心整燙。

後身片
（背面）

荷葉袖片
（正面）

前身片
（背面）

前側片
（正面）

※另一邊製作方式相同。

4.製作領口滾邊
（ 請參考縐褶上衣4.製作領口滾邊 P.92 ）

5.製作裙褶

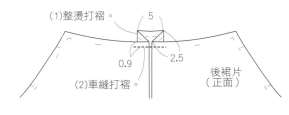

(1)整燙打褶。

5

0.9

2.5

(2)車縫打褶。

後裙片
（正面）

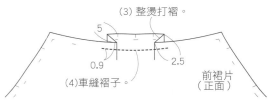

(3) 整燙打褶。

5

0.9

2.5

(4)車縫褶子。

前裙片
（正面）

6.接縫身片＆裙片

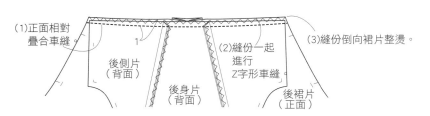

(1)正面相對
疊合車縫。

1

後側片
（背面）

後身片
（背面）

(2)縫份一起
進行
Z字形車縫

(3)縫份倒向裙片整燙。

後裙片
（正面）

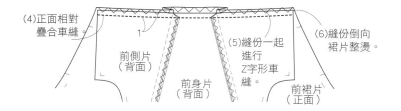

(4)正面相對
疊合車縫。

1

前側片
（背面）

前身片
（背面）

(5)縫份一起
進行
Z字形車
縫。

前裙片
（正面）

(6)縫份倒向
裙片整燙。

7.製作下襬

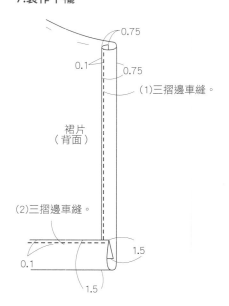

0.75

0.1

0.75

(1)三摺邊車縫。

裙片
（背面）

(2)三摺邊車縫。

1.5

0.1

1.5

8.製作口袋

（請參考寬鬆抽繩洋裝4.製作隱形口袋 P.83）

9.車縫脇邊

（請參考縐褶鬆緊圓裙2.車縫脇邊 P.90）

10.製作袖口滾邊

（請參考口袋背心5.車縫袖口滾邊 P.77）

11.車縫鬆緊帶

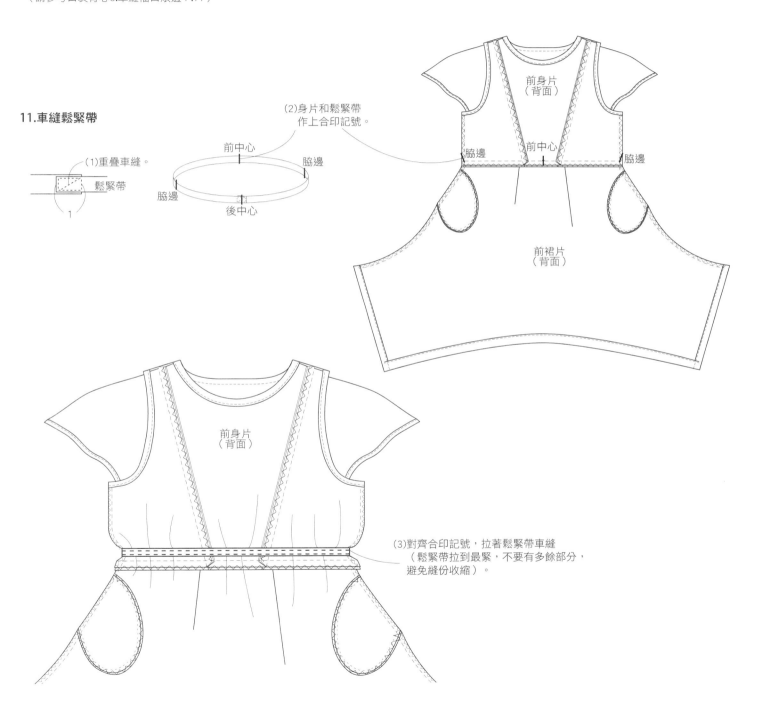

—(1)重疊車縫。

鬆緊帶

1

(2)身片和鬆緊帶
作上合印記號。

前中心

脇邊

脇邊

後中心

前身片
（背面）

脇邊　　　前中心　　脇邊

前裙片
（背面）

前身片
（背面）

(3)對齊合印記號，拉著鬆緊帶車縫
（鬆緊帶拉到最緊，不要有多餘部分，
避免縫份收縮）。

Jumpsuit

綁帶背心連身褲 P.34

■ 完成尺寸（Free Size）
衣長126cm（不含綁帶）
胸圍98cm
臀圍116cm

■ 材料
亞麻布（淡雅綠）……寬140×260cm
黏著襯（白色）……寬22×22cm

■ 原寸紙型 D 面【 14 】
1.前身褲管
2.後身褲管
3.口袋（A面）
4.前貼邊
5.後貼邊
6.褲耳
7.領口綁帶
8.袖口滾邊
9.腰帶

裁布圖

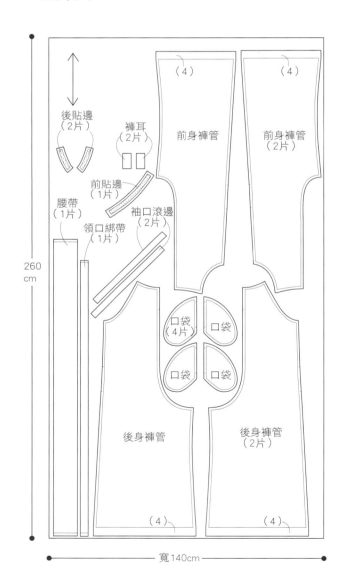

※（ ）中的數字為縫份。
　除指定處之外，縫份皆為1cm。
※ 在 ▦ 的背面貼上黏著襯。

縫製順序

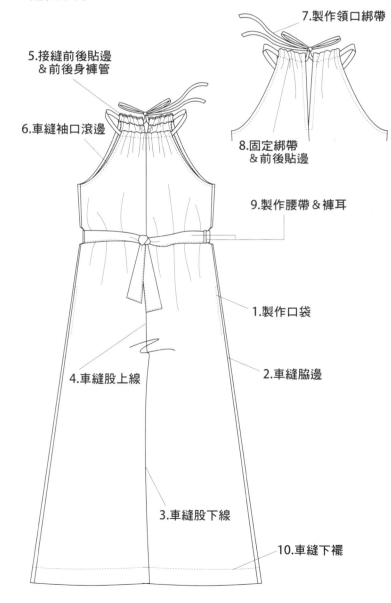

準備　於前貼邊及後貼邊背面貼上黏著襯。

　前貼邊（1片）　　　後貼邊（2片）

1.製作口袋
（請參考寬鬆抽繩洋裝4.製作隱形口袋 P.83）

2.車縫脇邊
（請參考縐褶鬆緊圓裙2.車縫脇邊 P.90）

3.車縫股下線
（請參考綁帶吊帶褲4.車縫股下 P.71）

4.車縫股上線

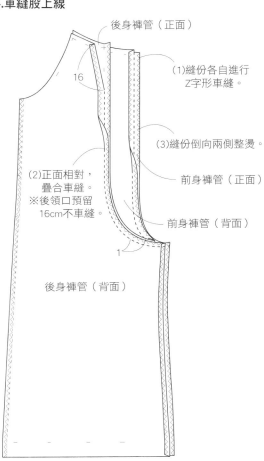

後身褲管（正面）

16

（1）縫份各自進行Z字形車縫。

（3）縫份倒向兩側整燙。

前身褲管（正面）

前身褲管（背面）

（2）正面相對，疊合車縫。
※後領口預留16cm不車縫。

1

後身褲管（背面）

5.接縫前後貼邊＆前後身褲管

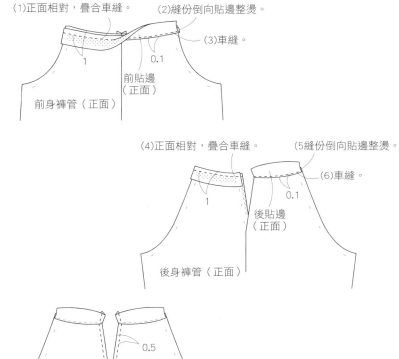

（1）正面相對，疊合車縫。　　（2）縫份倒向貼邊整燙。

（3）車縫。

1

0.1

前貼邊（正面）

前身褲管（正面）

（4）正面相對，疊合車縫。　　（5縫份倒向貼邊整燙。

（6）車縫。

1

0.1

後貼邊（正面）

後身褲管（正面）

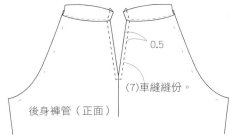

0.5

（7）車縫縫份。

後身褲管（正面）

6.車縫袖口滾邊

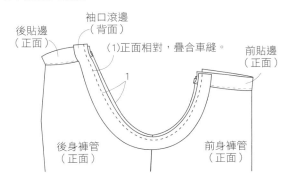

後貼邊（正面）　袖口滾邊（背面）

（1）正面相對，疊合車縫。

前貼邊（正面）

1

後身褲管（正面）　前身褲管（正面）

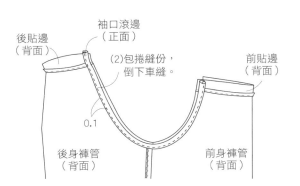

後貼邊（背面）　袖口滾邊（正面）

（2）包捲縫份，倒下車縫。

前貼邊（背面）

0.1

後身褲管（背面）　前身褲管（背面）

7.製作領口綁帶

(1)摺疊整燙，車縫。

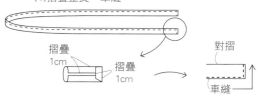

摺疊
1cm
摺疊
1cm

對摺

車縫

8.固定綁帶＆前後貼邊

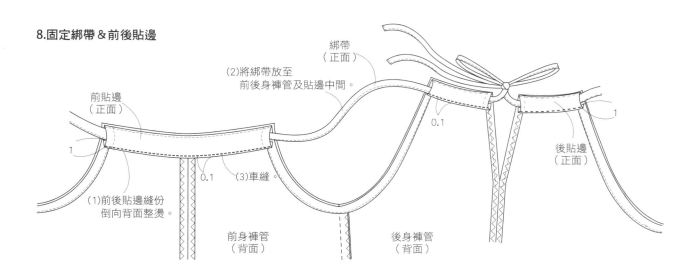

前貼邊
（正面）

(2)將綁帶放至
前後身褲管及貼邊中間。

綁帶
（正面）

0.1

1

0.1

(3)車縫。

後貼邊
（正面）

(1)前後貼邊縫份
倒向背面整燙。

前身褲管
（背面）

後身褲管
（背面）

9.製作腰帶＆褲耳

(1)摺疊整燙，車縫。

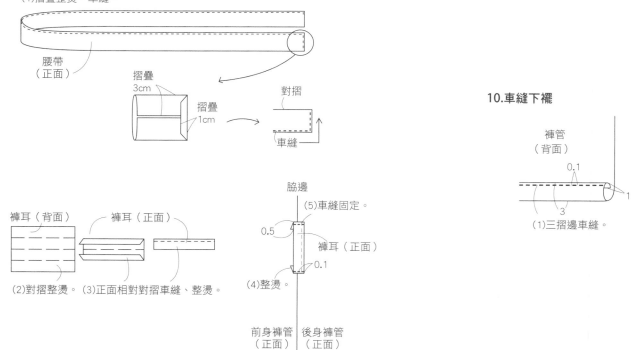

腰帶
（正面）

摺疊
3cm

摺疊
1cm

對摺

車縫

褲耳（背面）

褲耳（正面）

(2)對摺整燙。　(3)正面相對對摺車縫、整燙。

脇邊

(5)車縫固定。

0.5

褲耳（正面）

0.1

(4)整燙。

前身褲管
（正面）

後身褲管
（正面）

10.車縫下襬

褲管
（背面）

0.1

1

3

(1)三摺邊車縫。

Short
jacket

短版外套 P.14

■ 完成尺寸（Free Size）

衣長48cm
胸寬108cm

■ 材料

中亞麻（原色麻）‥‥寬135×155cm
黏著襯（白色）‥‥‥‥寬120×55cm
直徑2.6cm釦子‥‥‥‥1個

■ 原寸紙型B面【4】

1. 前身片
2. 後身片
3. 後剪接片
4. 袖子
5. 上領（表領）
6. 上領（裡領）
7. 下領
8. 後貼邊
9. 口袋
10. 袋蓋

裁布圖

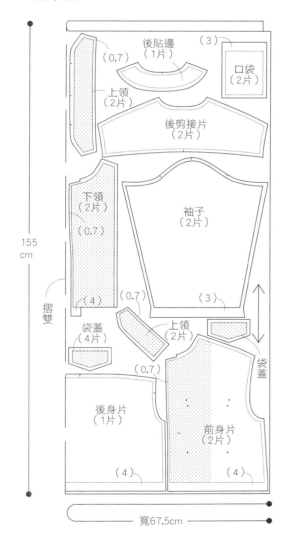

寬67.5cm

準備

在下列部位背面貼上黏著襯。

上領/表領（2片）

上領/裡領（2片）

下領（2片）

袋蓋（2片）

前身片（2片）

※（ ）中的數字為縫份。
除指定處之外，縫份皆為1cm。

※在 的背面貼上黏著襯。

縫製順序

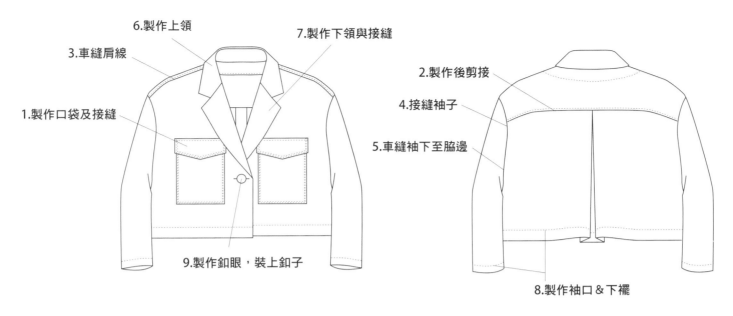

6.製作上領
7.製作下領與接縫
3.車縫肩線
1.製作口袋及接縫
9.製作釦眼，裝上釦子

2.製作後剪接
4.接縫袖子
5.車縫袖下至脇邊
8.製作袖口＆下襬

1.製作口袋與接縫

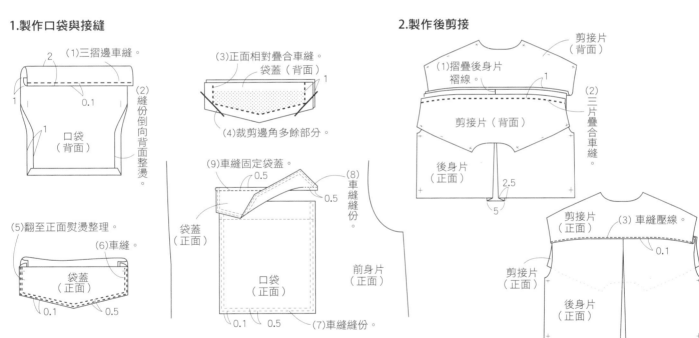

(1)三摺邊車縫。
2
1
0.1
1
(2)縫份倒向背面整燙。
口袋（背面）

(3)正面相對疊合車縫。
袋蓋（背面）
1
(4)裁剪邊角多餘部分。

(5)翻至正面熨燙整理。
(6)車縫。
袋蓋（正面）
0.1　0.5

(9)車縫固定袋蓋。
0.5
0.5
(8)車縫縫份。
袋蓋（正面）
口袋（正面）
前身片（正面）
0.1　0.5
(7)車縫縫份。

2.製作後剪接

剪接片（背面）
(1)摺疊後身片褶線。
1
(2)三片疊合車縫。
剪接片（背面）
後身片（正面）
2.5
5

剪接片（正面）
(3)車縫壓線。
0.1
剪接片（正面）
後身片（正面）

3.車縫肩線

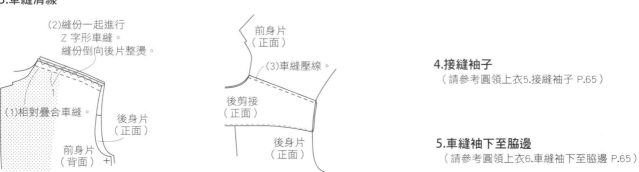

(2)縫份一起進行Z字形車縫。縫份倒向後片整燙。
(1)相對疊合車縫。
後身片（正面）
前身片（背面）

前身片（正面）
(3)車縫壓線。
後剪接（正面）
後身片（正面）

4.接縫袖子
（請參考圓領上衣5.接縫袖子 P.65）

5.車縫袖下至脇邊
（請參考圓領上衣6.車縫袖下至脇邊 P.65）

6.製作上領

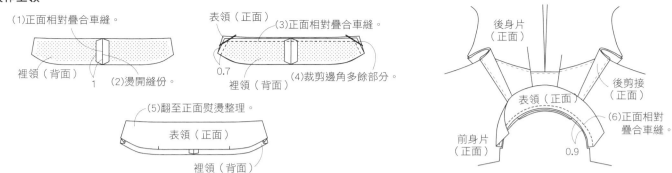

(1)正面相對疊合車縫。

裡領（背面）　(2)燙開縫份。　1

表領（正面）　(3)正面相對疊合車縫。
0.7
裡領（背面）　(4)裁剪邊角多餘部分。

(5)翻至正面熨燙整理。
表領（正面）
裡領（背面）

後身片（正面）

表領（正面）　後剪接（正面）

前身片（正面）　(6)正面相對疊合車縫。　0.9

7.製作下領與接縫

(3)縫份倒向背面整燙。　後貼邊（背面）

(2)車縫。　0.1

(4)正面相對疊合車縫。縫份倒向下領片整燙。　1　1

(1)縫份進行Z字形車縫。
縫份倒向背面整燙。
下領（背面）

下領（背面）

(6)正面相對疊合車縫。　後貼邊（背面）　(8)剪牙口。
後剪接（正面）

袖子（正面）　(7)剪牙口。　1

前身片（正面）　後身片（背面）　下領片（背面）

(5)正面相對疊合車縫。　0.7

後貼邊（正面）　(10)車縫固定後貼邊。
0.1

前身片（正面）　上領片（裡領正面）

後身片（正面）

袖子（正面）　下領片（正面）

(9)翻至正面熨燙整理。

8.製作袖口&下襬

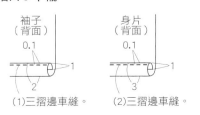

袖子（背面）　身片（背面）
0.1　1　0.1　1
2　3
(1)三摺邊車縫。　(2)三摺邊車縫。

9.製作釦眼&釦子

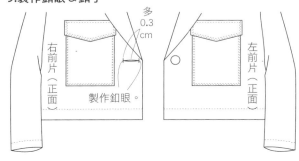

多0.3cm

右前片（正面）　製作釦眼。　左前片（正面）

Hooded
button-up
jacket

連帽襯衫小外套 P.38

■ 完成尺寸（Free Size）

衣長59 cm（不含帽子）
胸圍148 cm

■ 材料

天絲麻（白色）········ 寬140×175cm
黏著襯（白色）········ 寬35×52cm
直徑1cm釦子·········· 7 顆
細鬆緊條（1mm）····· 下線備用

■ 原寸紙型 E 面 【 18 】

1.前身片
2.後身片
3.領子（F面）
4.袖子
5.帽子
6.帽子貼邊

裁布圖

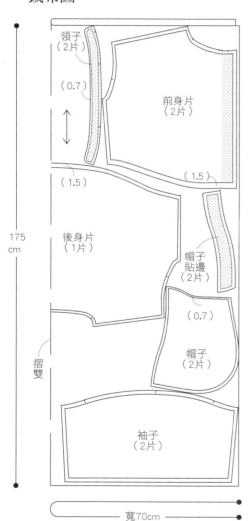

領子
（2片）

（0.7）

（1.5）

前身片
（2片）

（1.5）

後身片
（1片）

帽子
貼邊
（2片）

（0.7）

帽子
（2片）

袖子
（2片）

175
cm

摺雙

寬70cm

※（　）中的數字為縫份。
　　除指定處之外，縫份皆為1cm。
※在 ▨ 的背面貼上黏著襯。

縫製順序

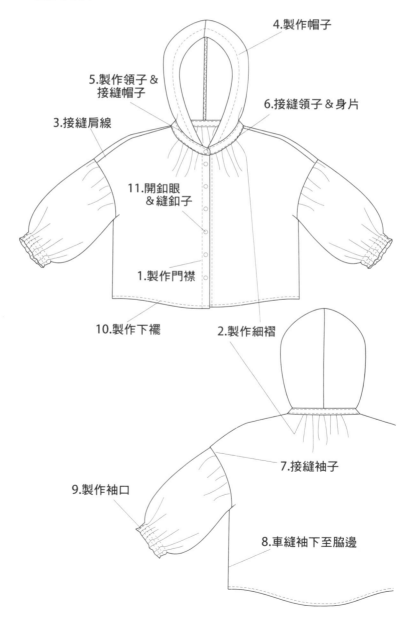

4.製作帽子

5.製作領子＆
接縫帽子

6.接縫領子＆身片

3.接縫肩線

11.開釦眼
＆縫釦子

1.製作門襟

10.製作下襬

2.製作細褶

7.接縫袖子

9.製作袖口

8.車縫袖下至脇邊

112

1.製作門襟（請參考圓領蓬蓬袖寬襯衫1.製作門襟 P.101）

2.製作細褶（請參考圓領蓬蓬袖寬襯衫2.製作細褶 P.101）

3.接縫肩線（請參考手工褶飾圓襬洋裝3.車縫肩線 P.86）

4.製作帽子

(1)正面相對，疊合車縫。

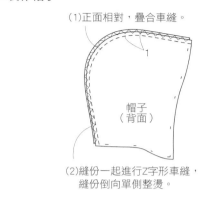

帽子（背面）

(2)縫份一起進行Z字形車縫，縫份倒向單側整燙。

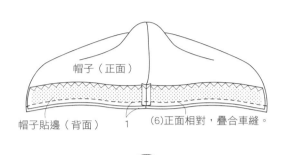

帽子（正面）

帽子貼邊（背面）　1　(6)正面相對，疊合車縫。

(3)正面相對，疊合車縫。　(5)縫份進行Z字形車縫。

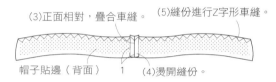

帽子貼邊（背面）　1　(4)燙開縫份。

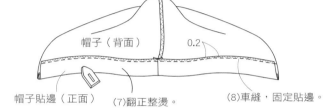

帽子（背面）　0.2

帽子貼邊（正面）　(7)翻正整燙。　(8)車縫，固定貼邊。

5.製作領子&接縫帽子

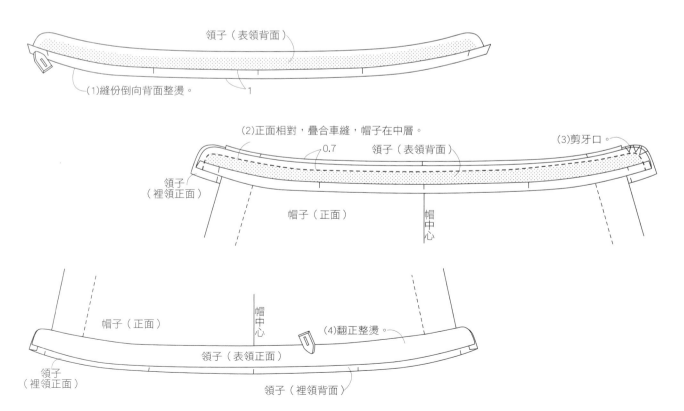

(1)縫份倒向背面整燙。　1

領子（表領背面）

(2)正面相對，疊合車縫，帽子在中層。　0.7　領子（表領背面）　(3)剪牙口。

領子（裡領正面）

帽子（正面）　帽中心

帽子（正面）　帽中心　(4)翻正整燙。

領子（表領正面）

領子（裡領正面）　領子（裡領背面）

6.接縫領子&身片

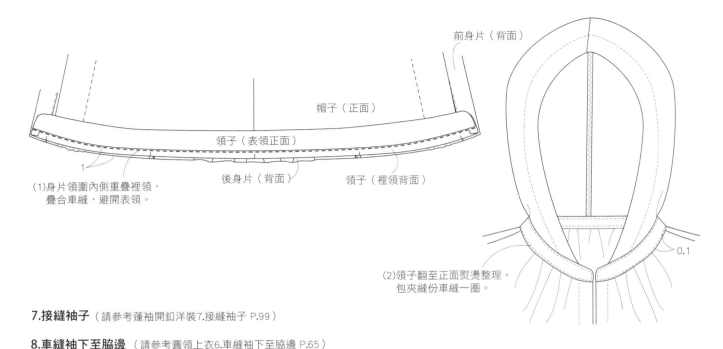

(1)身片領圍內側重疊裡領，
　　疊合車縫，避開表領。

帽子（正面）

前身片（背面）

領子（表領正面）

後身片（背面）　　領子（裡領背面）

1

0.1

(2)領子翻至正面熨燙整理。
　　包夾縫份車縫一圈。

7.接縫袖子（請參考蓬袖開釦洋裝7.接縫袖子 P.99）

8.車縫袖下至脇邊（請參考圓領上衣6.車縫袖下至脇邊 P.65）

9.製作袖口

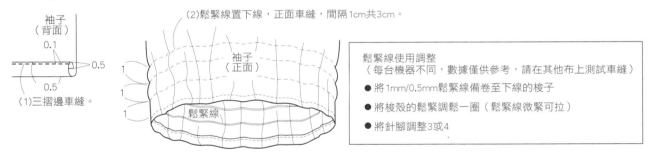

袖子
（背面）

0.1

0.5

0.5

(1)三摺邊車縫。

(2)鬆緊線置下線，正面車縫，間隔1cm共3cm。

袖子
（正面）

1

1

1

鬆緊線

鬆緊線使用調整
（每台機器不同，數據僅供參考，請在其他布上測試車縫）
● 將1mm/0.5mm鬆緊線備卷至下線的梭子
● 將梭殼的鬆緊調鬆一圈（鬆緊線微緊可拉）
● 將針腳調整3或4

10.製作下襬

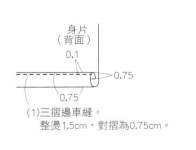

身片
（背面）

0.1

0.75

0.75

(1)三摺邊車縫。
　　整燙1.5cm，對摺為0.75cm。

11.開釦眼&縫釦子

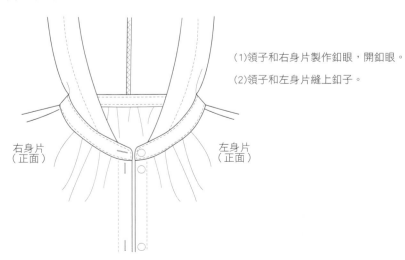

(1)領子和右身片製作釦眼，開釦眼。

(2)領子和左身片縫上釦子。

右身片
（正面）

左身片
（正面）

長版西外 P.28

■ 完成尺寸（Free Size）

衣長110cm
胸寬114cm

■ 材料

厚亞麻（雨露麻）·····寬145×235cm
黏著襯（白色）········寬102×127cm
直徑2cm鈕子··········2個

■ 原寸紙型C面【12】

1.前身片
2.後身片
3.袖子
4.口袋
5.上領（表領）
6.上領（裡領）
7.下領
8.後貼邊

裁布圖

（0.7）　後貼邊（0.7）
（1片）
下領
（2片）　上領/表領
（1片）

（3）

袖子
（2片）　上領/裡領
（1片）

表領與裡領尺寸不同，
請分開裁剪，
不可摺雙裁剪。

（3）
口袋
（2片）

（4）

235
cm

後身片
（2片）

（4）

摺雙

（0.7）

前身片
（2片）

（4）

寬72.5cm

※（　）中的數字為縫份。除指定處之外，縫份皆為1cm。
※ 在 ▨ 的背面貼上黏著襯。

縫製順序

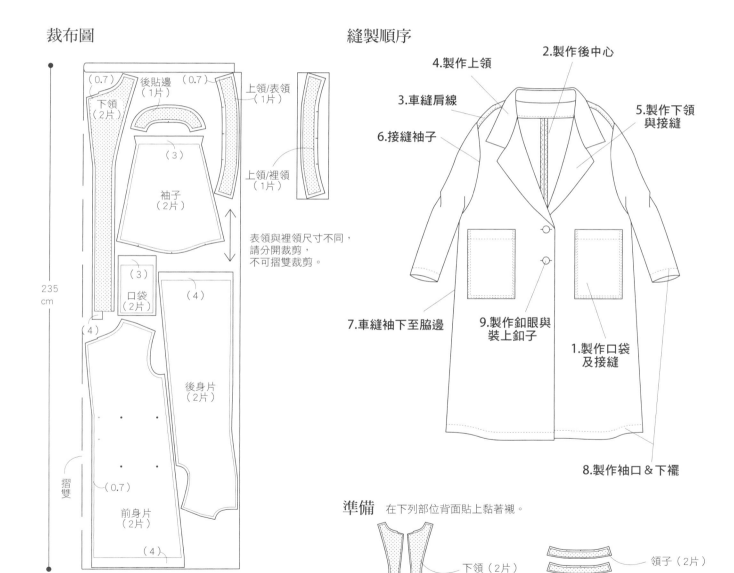

4.製作上領
2.製作後中心
3.車縫肩線
5.製作下領與接縫
6.接縫袖子

7.車縫袖下至脇邊
9.製作鈕眼與裝上鈕子
1.製作口袋及接縫

8.製作袖口&下襬

準備　在下列部位背面貼上黏著襯。

下領（2片）
領子（2片）
後貼邊（1片）

1.製作口袋與接縫

（1）三摺邊車縫。
2
1　　0.1
（2）縫份倒向背面整燙。
口袋（背面）
1

（3）車縫縫份。
前身片（正面）　口袋（正面）
0.1　0.5

2.製作後中心

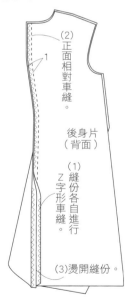

（2）正面相對車縫。
1
後身片（背面）
（1）縫份各自進行Z字形車縫。
（3）燙開縫份。

3.車縫肩線
（請參考短版外套3.車縫肩線 P.110）

4.製作上領

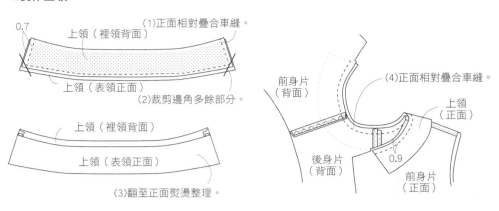

0.7
上領（裡領背面）
（1）正面相對疊合車縫。
上領（表領正面）
（2）裁剪邊角多餘部分。

上領（裡領背面）
上領（表領正面）
（3）翻至正面熨燙整理。

前身片（背面）
（4）正面相對疊合車縫。
上領（正面）
後身片（背面）
0.9
前身片（正面）

5.製作下領與接縫

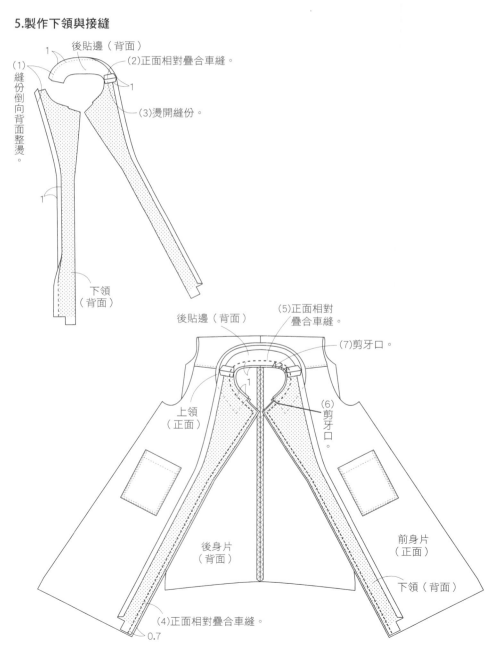

後貼邊（背面）
（2）正面相對疊合車縫。
1
（1）縫份倒向背面整燙。
1
（3）燙開縫份。
1
下領（背面）

後貼邊（背面）
（5）正面相對疊合車縫。
（7）剪牙口。
上領（正面）
1
（6）剪牙口。
後身片（背面）
前身片（正面）
下領（背面）
（4）正面相對疊合車縫。
0.7

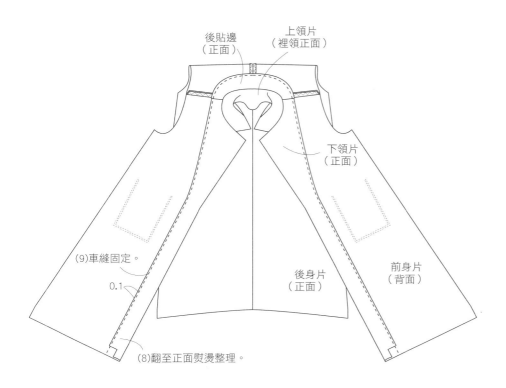

後貼邊
（正面）

上領片
（裡領正面）

下領片
（正面）

(9)車縫固定。

0.1

前身片
（背面）

後身片
（正面）

(8)翻至正面熨燙整理。

6.接縫袖子（請參考圓領上衣5.接縫袖子 P.65）

7.車縫袖下至脇邊 （請參考圓領上衣6.車縫袖下至脇邊 P.65）

8.製作袖口＆下襬

袖子
（背面）

0.1

1

2

(1)三摺邊車縫。

身片
（背面）

0.1

1

3

(2)三摺邊車縫。

9.製作釦眼＆釦子

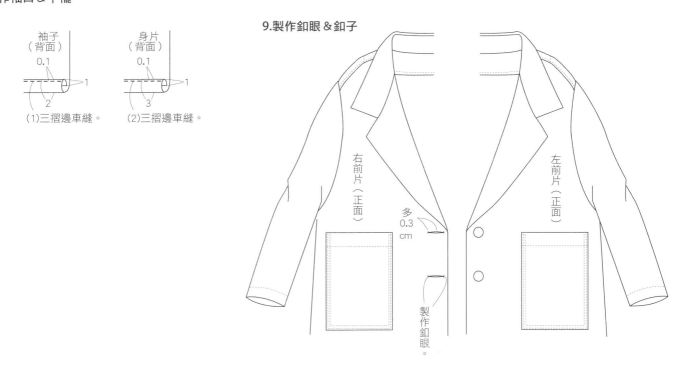

右前片（正面）

左前片（正面）

多
0.3
cm

製作釦眼。

Jacket cape

披風式外套 P.36

■ 完成尺寸（Free Size）

衣長53cm
胸寬98cm

■ 材料

中亞麻（黛藍）········ 寬140×220cm
黏著襯（黑色）········ 寬120×60cm
直徑2.3cm釦子········ 4個

■ 原寸紙型 D 面【16】

1.前身片
2.後身片
3.前側片
4.後側片
5.上領
6.下領
7.後貼邊
8.荷葉袖
9.袖子貼邊
10.袖口滾邊

裁布圖

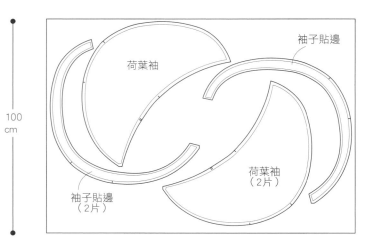

荷葉袖
袖子貼邊
袖子貼邊（2片）
荷葉袖（2片）

100 cm

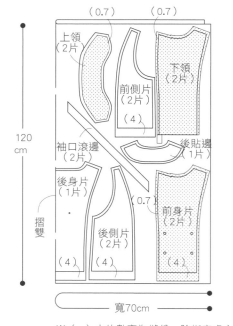

（0.7）　（0.7）
上領（2片）
前側片（2片）（4）
下領（2片）
袖口滾邊（2片）
後貼邊（1片）
後身片（1片）
（0.7）
前身片（2片）
後側片（2片）
摺雙
（4）　（4）　（4）
寬70cm

120 cm

※（ ）中的數字為縫份。除指定處之外，縫份皆為1cm。
※ 在　　的背面貼上黏著襯。

縫製順序

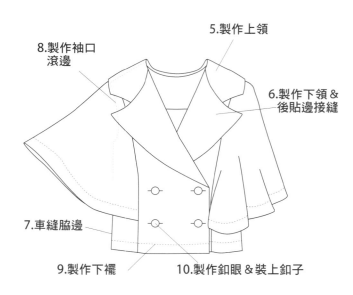

8.製作袖口滾邊
5.製作上領
6.製作下領＆後貼邊接縫
7.車縫脇邊
9.製作下襬
10.製作釦眼＆裝上釦子

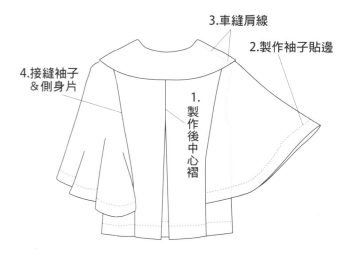

3.車縫肩線
2.製作袖子貼邊
4.接縫袖子＆側身片
1.製作後中心褶

1.製作後中心褶

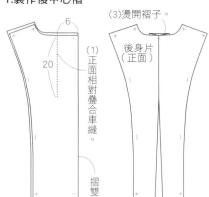

（3）燙開褶子。

6

20

（1）正面相對疊合車縫。

後身片
（正面）

摺雙

2.製作袖子貼邊

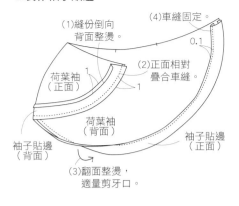

（1）縫份倒向
背面整燙。

（4）車縫固定。

0.1

荷葉袖
（正面）

1

1

（2）正面相對
疊合車縫。

袖子貼邊
（背面）

荷葉袖
（背面）

袖子貼邊
（正面）

（3）翻面整燙，
適量剪牙口。

3.車縫肩線

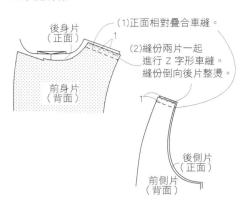

後身片
（正面）

（1）正面相對疊合車縫。

1

（2）縫份兩片一起
進行 Z 字形車縫。
縫份倒向後片整燙。

前身片
（背面）

1

後側片
（正面）

前側片
（背面）

4.接縫袖子＆側身片

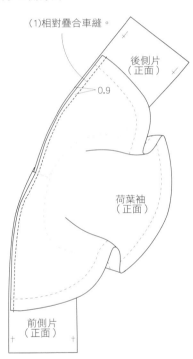

（1）相對疊合車縫。

後側片
（正面）

0.9

荷葉袖
（正面）

前側片
（正面）

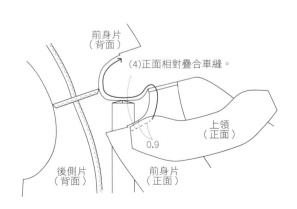

（2）正面相對
疊合車縫。

1

後身片
（背面）

（3）縫份一起進行
Z字形車縫。

（4）縫份倒向
中心整燙。

後側片
（正面）

荷葉袖
（正面）

前側片
（正面）

※另一邊製作方式相同。

5.製作上領

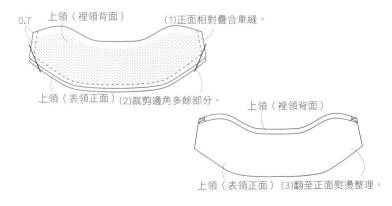

0.7

上領（裡領背面）

（1）正面相對疊合車縫。

上領（表領正面）（2）裁剪邊角多餘部分。

上領（裡領背面）

上領（表領正面）（3）翻至正面熨燙整理。

前身片
（背面）

（4）正面相對疊合車縫。

上領
（正面）

0.9

後側片
（背面）

前身片
（正面）

6.製作下領&後貼邊接縫

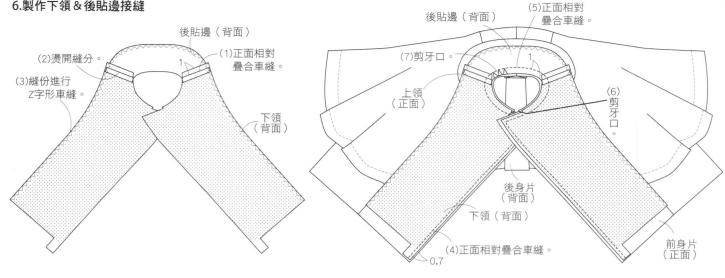

後貼邊（背面）

(2)燙開縫分。

(3)縫份進行Z字形車縫。

(1)正面相對疊合車縫。

下領（背面）

(5)正面相對疊合車縫。

後貼邊（背面）

(7)剪牙口。

上領（正面）

(6)剪牙口。

後身片（背面）

下領（背面）

(4)正面相對疊合車縫。

0.7

前身片（正面）

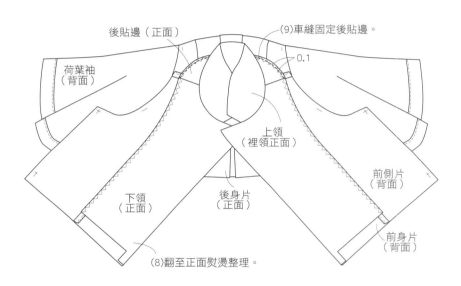

後貼邊（正面）

荷葉袖（背面）

(9)車縫固定後貼邊。

0.1

上領（裡領正面）

前側片（背面）

下領（正面）

後身片（正面）

前身片（背面）

(8)翻至正面熨燙整理。

7.車縫脇邊（請參考圓襬綁帶背心3.車縫脇邊 P.81）

8.製作袖口滾邊（請參考口袋背心5.車縫身片滾邊條 P.77）

9.製作下襬

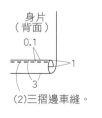

身片（背面）

0.1

1

3

(2)三摺邊車縫。

10 .製作釦眼&釦子

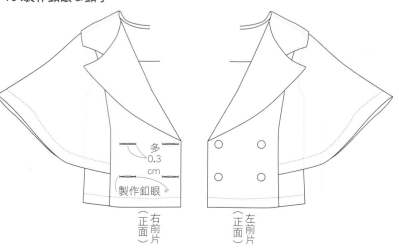

多0.3cm

製作釦眼。

右前片（正面）

左前片（正面）

Backless dress

露背綁帶七分袖洋裝 P.24

■ 完成尺寸（Free Size）

衣長119cm

胸寬98cm

■ 材料

亞麻布（淡紫色）⋯⋯寬140×205cm

鬆緊帶（淺色1cm）⋯70cm（腰圍＋2cm）

■ 原寸紙型C面【10】

1.前身片

2.後身片

3.袖子

4.領口滾邊

5.綁帶

6.口袋（A面）

裁布圖

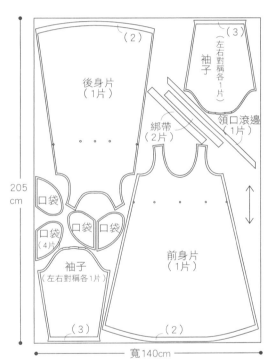

後身片（1片）（2）

袖子（左右對稱各1片）（3）

綁帶（2片）

領口滾邊（1片）

口袋

口袋（4片）

口袋 口袋

袖子（左右對稱各1片）（3）

前身片（1片）（2）

205cm

寬140cm

※（　）中的數字為縫份。
　除指定處之外，縫份皆為1cm。

※畫上。記號為鬆緊帶車縫位置。

縫製順序

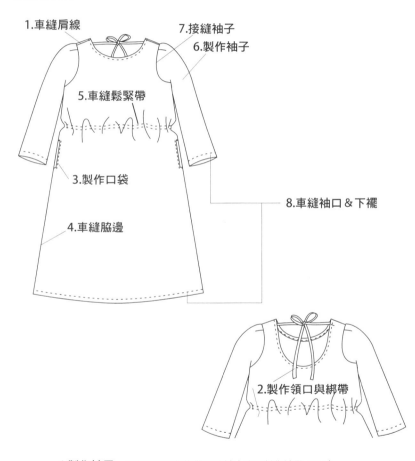

1.車縫肩線

7.接縫袖子

6.製作袖子

5.車縫鬆緊帶

3.製作口袋

4.車縫脇邊

8.車縫袖口＆下襬

2.製作領口與綁帶

1.車縫肩線

（請參考手工褶飾圓襬洋裝3.車縫肩線 P.86）

2.製作領口與綁帶

（請參考露背綁帶五分袖上衣2.製作領口與綁帶 P.94）

3.製作口袋

（請參考寬鬆抽繩洋裝4.製作隱形口袋 P.83）

4.車縫脇邊

（請參考圓襬綁帶背心3.車縫脇邊 P.81）

5.車縫鬆緊帶　（請參考露背綁帶五分袖上衣4.車縫鬆緊帶 P.94）

6.製作袖子　（請參考露背綁帶五分袖上衣5.製作袖子 P.94）

7.接縫袖子

（請參考一片繫帶連身洋裝8.接縫袖子 P.79）

8.車縫袖口＆下襬

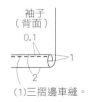

袖子（背面）

0.1

1

2

(1)三摺邊車縫。

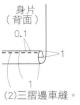

身片（背面）

0.1

1

(2)三摺邊車縫。

121

舟形口罩 P.52

■ 完成尺寸（Free Size）
寬15.5cm
高15.5cm

■ 原寸紙型 F 面【 28 】
1.外層本布
2.內層二重紗
3.過濾夾層

■ 材料
亞麻布 ···················· 寬22×21cm
二重紗 ···················· 寬32×21cm
彈性繩 ···················· 37cm×2條

裁布圖

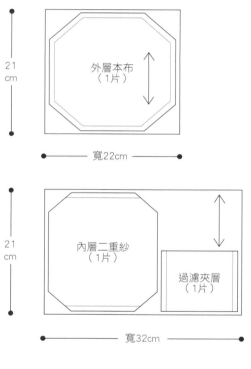

21
cm

外層本布
（1片）

寬22cm

21
cm

內層二重紗
（1片）

過濾夾層
（1片）

寬32cm

※（　）中的數字為縫份。
　除指定處之外，縫份皆為1cm。

縫製順序

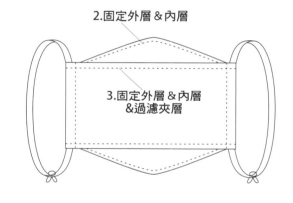

2.固定外層&內層

3.固定外層&內層
&過濾夾層

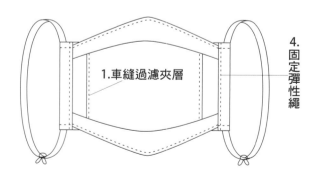

1.車縫過濾夾層

4.
固定彈性繩

1.車縫過濾夾層

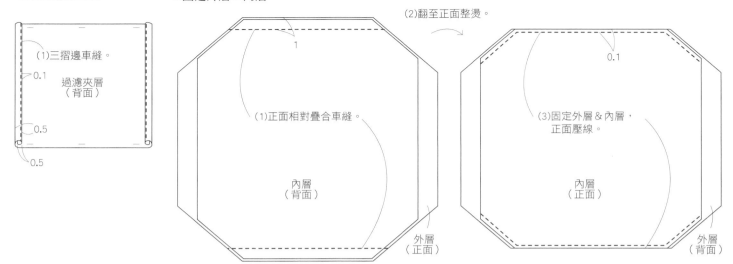

(1)三摺邊車縫。
0.1
過濾夾層
（背面）
0.5
0.5

2.固定外層＆內層

(2)翻至正面整燙。

1

(1)正面相對疊合車縫。

內層
（背面）

外層
（正面）

0.1

(3)固定外層＆內層，
　　正面壓線。

內層
（正面）

外層
（背面）

3.固定外層＆內層＆過濾夾層

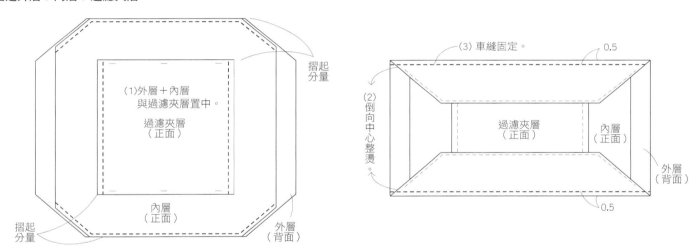

(1)外層＋內層
　　與過濾夾層置中。

過濾夾層
（正面）

內層
（正面）

摺起
分量

外層
（背面）

摺起
分量

(3) 車縫固定。
0.5

(2)倒向中心整燙。

過濾夾層
（正面）

內層
（正面）

外層
（背面）

0.5

4.固定彈性繩

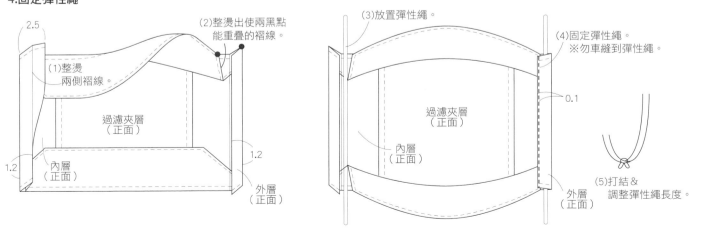

2.5

(2)整燙出使兩黑點
　　能重疊的褶線。

(1)整燙
　　兩側褶線。

過濾夾層
（正面）

1.2

內層
（正面）

1.2

外層
（正面）

(3)放置彈性繩。

(4)固定彈性繩。
※勿車縫到彈性繩。

0.1

過濾夾層
（正面）

內層
（正面）

外層
（正面）

(5)打結＆
　　調整彈性繩長度。

Bottle bag

圓筒袋 P.26

■ 完成尺寸（Free Size）
圓直徑11cm
筒高28cm
帶長110cm

■ 材料
棉麻布（原色米）⋯⋯寬60×65cm
棉麻布（暖灰色）⋯⋯寬10×115cm
厚硬襯（白色）⋯⋯⋯直徑10cm圓

■ 原寸紙型C面【11】
1.袋身
2.袋底層
3.袋耳
4.袋繩
5.厚硬襯

裁布圖

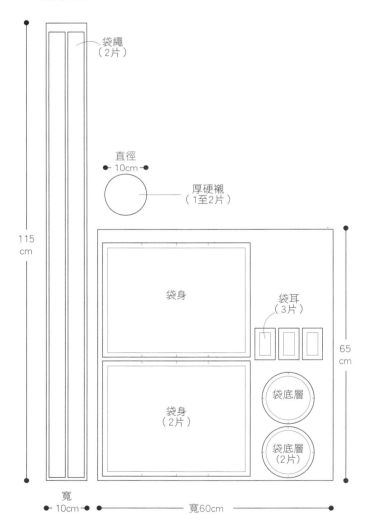

袋繩
（2片）

直徑
10cm

厚硬襯
（1至2片）

袋身

袋耳
（3片）

65
cm

袋身
（2片）

袋底層

袋底層
（2片）

115
cm

寬
10cm

寬60cm

※（ ）中的數字為縫份。
除指定處之外，縫份皆為1cm。

縫製順序

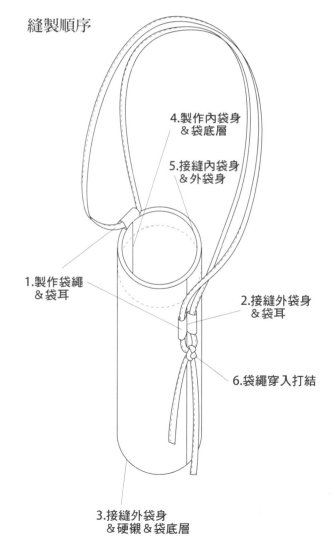

4.製作內袋身
&袋底層

5.接縫內袋身
&外袋身

1.製作袋繩
&袋耳

2.接縫外袋身
&袋耳

6.袋繩穿入打結

3.接縫外袋身
&硬襯&袋底層

1.製作袋繩＆袋耳

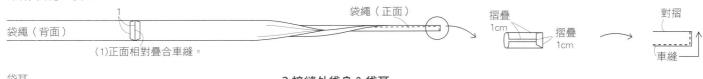

(1)正面相對疊合車縫。

袋繩（背面）　　1　　袋繩（正面）

摺疊 1cm　摺疊 1cm

對摺　車縫

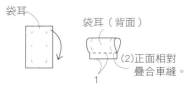

袋耳

袋耳（背面）

(2)正面相對疊合車縫。

1

袋耳（正面）袋耳（正面）

(3)翻至正面再對摺整燙。

2.接縫外袋身＆袋耳

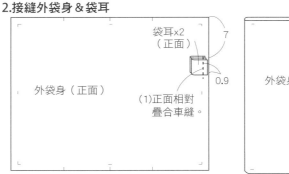

外袋身（正面）

袋耳x2（正面）　7　0.9

(1)正面相對疊合車縫。

外袋身（背面）　1

(1)正面相對疊合車縫。

袋耳（正面）

(2)燙開縫份。

3.接縫外袋身＆硬襯＆袋底層

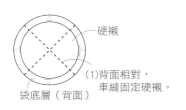

硬襯

(1)背面相對，車縫固定硬襯。

袋底層（背面）

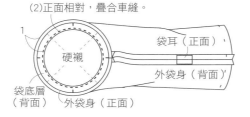

(2)正面相對，疊合車縫。

1　硬襯　袋耳（正面）

袋底層（背面）　外袋身（背面）　外袋身（正面）

翻正

袋底層（正面）　袋耳（正面）

外袋身（正面）

4.製作內袋身＆袋底層

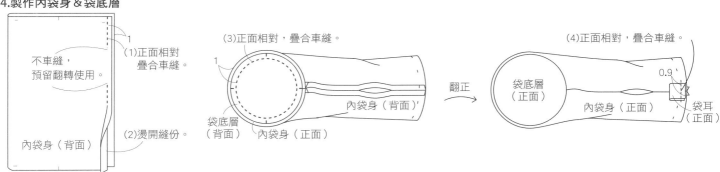

不車縫，預留翻轉使用。

(1)正面相對疊合車縫。　1

內袋身（背面）

(2)燙開縫份。

(3)正面相對，疊合車縫。

1　袋底層（背面）　內袋身（正面）

翻正

(4)正面相對，疊合車縫。

0.9

袋底層（正面）　內袋身（正面）　袋耳（正面）

5.接縫內袋身＆外袋身

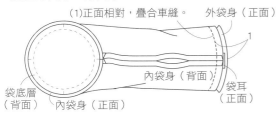

(1)正面相對，疊合車縫。　外袋身（正面）　1

內袋身（背面）

袋底層（背面）　內袋身（正面）　袋耳（正面）

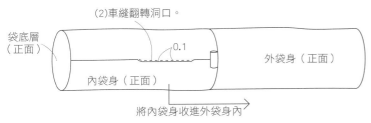

(2)車縫翻轉洞口。

袋底層（正面）　0.1

內袋身（正面）　外袋身（正面）

將內袋身收進外袋身內

6.袋繩穿入打結

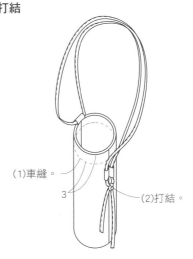

(1)車縫。

3

(2)打結。

Drawstring bag

花苞束口袋 P.35

■ 完成尺寸（Free Size）
寬33×高30×厚12cm
手提長16cm
肩背長50cm

■ 材料
棉麻布（原色米）……寬140×105cm
內裡布（米色）………寬75×55cm
厚硬襯（白色）………寬12×25cm

■ 原寸紙型 D 面【15】
1.袋身（本布）
2.袋底層（本布/內裡）
3.外口袋
4.提帶
5.抽繩
6.斜背帶
7.內口袋（內裡）
8.袋身（內裡）
9.厚硬襯

裁布圖

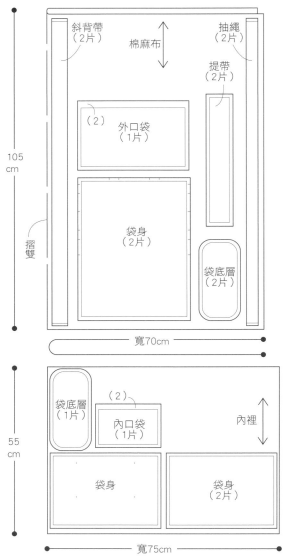

斜背帶（2片）
棉麻布
抽繩（2片）
提帶（2片）
（2）
外口袋（1片）
105cm
摺雙
袋身（2片）
袋底層（2片）
寬70cm

袋底層（1片）
（2）
內口袋（1片）
55cm
內裡
袋身
袋身（2片）
寬75cm

※（ ）中的數字為縫份。
　除指定處之外，縫份皆為1cm。

縫製順序

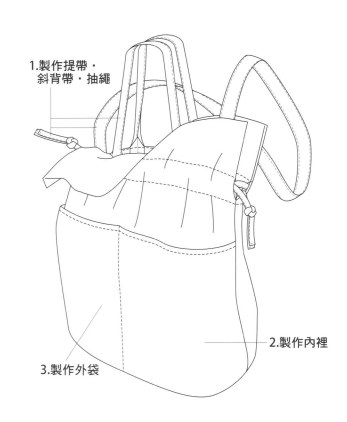

1.製作提帶・斜背帶・抽繩

2.製作內裡

3.製作外袋

準備　依紙型裁剪厚硬襯一片。

厚硬襯（1片）

1.製作提帶・斜背帶・抽繩

抽繩（正面）

摺疊 1cm
摺疊 1cm
對摺
車縫

斜背帶（正面）

(1)正面相對疊合車縫。
(2)燙開縫份。
(3)縫份倒向背面整燙。
車縫→
車縫→

提帶（正面）

(1)正面相對，摺疊車縫。
(2)翻捲至正面。
（正面）
（背面）
(3)對摺。
(4)車縫。
7
7
↓

2.製作內裡

(1)三摺邊車縫。 0.1
內口袋（背面）

(2)整燙三側摺疊縫份車縫1cm
內口袋（正面）
0.1
袋身（內裡正面）

(3)摺疊車縫，正面相對。
10
預留為翻轉使用
袋身（內裡背面）
袋身（內裡正面）
(4)縫份燙開。

袋身（內裡背面）
(5)摺疊車縫，正面相對。
預留為翻轉使用
袋底層（內裡正面）
1

3.製作外袋

(1)三摺邊車縫。 0.1
外口袋（背面）

(3)車縫定位。
袋身（正面）
提帶（正面）
(2)車縫固定口袋
0.5
外口袋（正面）

0.9 0.9
袋身（正面）
肩帶（正面）

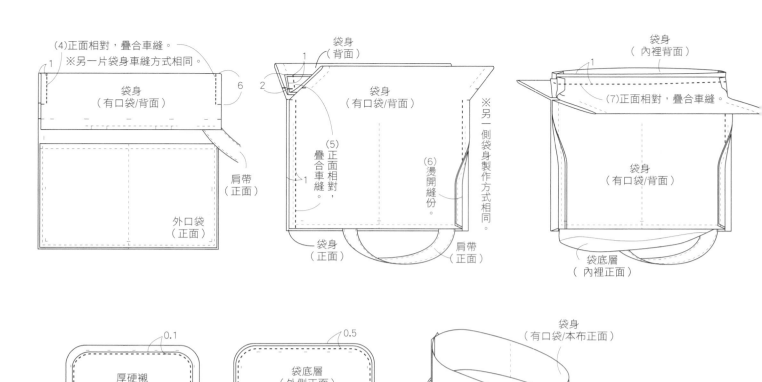

(4)正面相對，疊合車縫。
※另一片袋身車縫方式相同。

袋身
（有口袋/背面）

肩帶
（正面）

外口袋
（正面）

袋身
（背面）

袋身
（有口袋/背面）

(5)正面相對，疊合車縫。

(6)燙開縫份。

※另一側袋身製作方式相同。

袋身
（正面）

肩帶
（正面）

袋身
（內裡背面）

(7)正面相對，疊合車縫。

袋身
（有口袋/背面）

袋底層
（內裡正面）

0.1

厚硬襯

袋底層
（本布背面）

(8)車縫。

0.5

袋底層
（外側正面）

袋底層
（本布背面）

（9）車縫。

袋身
（有口袋/本布正面）

袋底層
（本布正面）

(10)正面相對，疊合車縫。

<抽繩穿法>

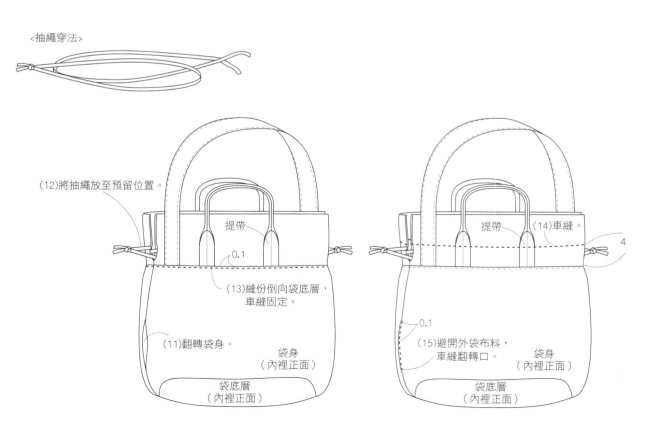

(12)將抽繩放至預留位置。

提帶

0.1

(13)縫份倒向袋底層，車縫固定。

(11)翻轉袋身。

袋身
（內裡正面）

袋底層
（內裡正面）

提帶

(14)車縫。

4

0.1

(15)避開外袋布料，車縫翻轉口。

袋身
（內裡正面）

袋底層
（內裡正面）

國家圖書館出版品預行編目(CIP)資料

溫室裁縫師：手工縫製的溫柔系棉麻質感日常服/溫
可柔著. -- 初版. -- 新北市：雅書堂文化事業有限公司,
2022.06
　面；　公分. -- (Sewing縫紉家 ; 44)
ISBN 978-986-302-621-1(平裝)

1.縫紉 2.衣飾 3.手工藝

426.3　　　　　　　　　　　111003962

![Sewing] **縫紉家 44**

溫室裁縫師
手工縫製的溫柔系棉麻質感日常服

作　　者／溫室 Studio Wens　溫可柔
發 行 人／詹慶和
執行編輯／劉蕙寧
編　　輯／蔡毓玲‧黃璟安‧陳姿伶
執行美編／周盈汝
美術編輯／陳麗娜‧韓欣恬
攝　　影／MuseCat Photography 吳宇童
模 特 兒／省子
作法繪圖／溫可柔
出 版 者／雅書堂文化事業有限公司
發 行 者／雅書堂文化事業有限公司
郵撥帳號／18225950　戶名：雅書堂文化事業有限公司
地　　址／新北市板橋區板新路206號3樓
網　　址／www.elegantbooks.com.tw
電子郵件／elegant.books@msa.hinet.net
電　　話／(02)8952-4078
傳　　真／(02)8952-4084

2022年06月初版一刷　定價 520 元

經　　銷／易可數位行銷股份有限公司
地　　址／新北市新店區寶橋路235巷6弄3號5樓
電　　話／(02)8911-0825
傳　　真／(02)8911-0801

 Sewing
studio

Sewing
studio

Sewing
studio